化学工业出版社"十四五"普通高等教育规划教材

食品工艺
综合实习指导

胥 伟 郭丹郡 易 阳 主编

化学工业出版社

·北京·

内 容 简 介

《食品工艺综合实习指导》全书共 8 章，分别介绍了食品工厂与车间概况、食品生产质量安全控制与环境保护、食品生产工艺及设备、食品工厂建筑、食品企业劳动力安排、食品工厂公共及辅助设施、食品企业环境保护、食品工艺学综合实验。全书紧跟当前最新的食品相关法律法规要求，理论结合实践，注重实践应用。

《食品工艺综合实习指导》可作为食品科学与工程、食品质量与安全和食品营养与健康专业的集中实践教学课以及生产实习、毕业实习的配套教材。

图书在版编目（CIP）数据

食品工艺综合实习指导 / 胥伟，郭丹郡，易阳主编.
北京：化学工业出版社，2025.8. --（化学工业出版社
"十四五"普通高等教育规划教材）. -- ISBN 978-7
-122-48031-6

Ⅰ. TS201.1

中国国家版本馆 CIP 数据核字第 2025VB5481 号

责任编辑：尤彩霞　　　　　　　　　文字编辑：张熙然
责任校对：王鹏飞　　　　　　　　　装帧设计：张　辉

出版发行：化学工业出版社
　　　　　（北京市东城区青年湖南街 13 号　邮政编码 100011）
印　　装：河北延风印务有限公司
787mm×1092mm　1/16　印张 11¼　字数 283 千字
2025 年 8 月北京第 1 版第 1 次印刷

购书咨询：010-64518888　　　　　　售后服务：010-64518899
网　　址：http://www.cip.com.cn
凡购买本书，如有缺损质量问题，本社销售中心负责调换。

定　　价：49.00 元

《食品工艺综合实习指导》编写人员名单

主编：胥　伟　郭丹郡　易　阳

副主编：王鲁峰　王中江　廖　鄂

其他参加编写人员：杨　艳　韩欧燕　邹　航　魏思盈

李东轩　陈　雷　李宏坤　郭雨凡

朱玲娇

前 言

食品工业的快速发展和产业升级对食品专业人才的实践与创新能力培养提出了更高要求。为深化产教融合，武汉轻工大学、华中农业大学、东北农业大学等高校食品专业教师共同编写此书，以用于食品类专业学生实验、实习、实训、设计等教学。本书共 8 章，内容包括工厂与车间概况、质量安全控制与环境保护、工艺与设备、建筑、劳动力安排、公共及辅助设施、企业环境保护及综合实验等。

本书第 1 至 5 章由武汉轻工大学食品科学与工程学院郭丹郡负责编写；杨艳、韩欧燕、陈雷、李东轩协助编写，华中农业大学食品科技学院王鲁峰负责审校；第 6 章由武汉轻工大学食品科学与工程学院朱玲娇负责编写，魏思盈、邹航协助编写，武汉轻工大学食品科学与工程学院易阳审校；第 7 章、第 8 章由武汉轻工大学食品科学与工程学院廖鄂负责编写，李宏坤、郭雨凡协助编写，东北农业大学食品学院王中江审校。全书由武汉轻工大学食品科学与工程学院胥伟审定。

本书直面我国食品行业产业需求、人才需求、科技前沿，部分内容为编者主持承担的食品类专业本科生实验、学习、实训等教学改革与研究项目取得成果，具体包括：

（1）数字化学习技术集成与应用教育部工程研究中心创新基金重点项目——虚拟仿真实训室在交叉学科建设中的实践研究（项目编号：232005）；

（2）教育部产学协同育人项目——面向国际工程教育认证的《食品工程原理》实验教学改革与实践（项目编号：202002115008）、烘焙食品智能制造实习实训基地建设（编号：231003084260709）；

（3）湖北省教研项目——面向国际工程教育认证的《食品工艺学》实验教学改革与实验（项目编号：2021356）；

（4）湖北省新工科建设项目——粮油食品专业新工科实践教学创新研究；

（5）武汉轻工大学高等教育研究课题——基于 OBE 理念的食品类专业人才培养（项目编号：2022GJKT016）。

本书编写过程中得到了华中农业大学食品科技学院、东北农业大学食品学院等合作单位的鼎力支持，在此一并致谢。

由于本书编写时间紧凑，难免疏漏，欢迎读者提出宝贵意见。

编　者
2025 年 4 月

目录

第1章

食品工厂与车间概况

1.1 厂址选择

厂址选择工作，应当由筹建单位负责，会同主管部门、设计部门、建筑部门、城市规划部门等有关单位，经过充分讨论和比较，选择优点最多的地方作为建厂地址。

1.1.1 厂址选择的原则

选择厂址时，按国家方针政策、法律、法规以及 GMP 规范要求，从生产条件和经济效益等方面出发，满足区域性有特色的产品品种以及绿色食品、有机食品对厂址的一些特殊要求。充分考虑环境保护和生态平衡，具体要求分述如下。

1.1.1.1 厂址选择首先应符合国家的方针政策

必须遵守国家的法律、法规，符合国家和地方的长远规划和行政布局、国土开发整体规划、城镇发展规划；注意资源合理开发和综合利用；节约能源，节约劳动力；注意环境友好和生态平衡；保护风景和名胜古迹；并提供多个可供选择的方案进行比较和评价。

1.1.1.2 厂址选择应从生产条件方面考虑

1.1.1.2.1 从原料供应和市场销售方面考虑

厂址选择在城乡接合地带是生产、销售的需求。个别产品工厂为有利于销售也可设在市区，这不仅可获得足够数量和质量高、新鲜的原料，也有利于加强对原料基地生产的指导和联系，便于组织辅助材料和包装材料，有利于产品的销售，同时还可以减少运输费用。

1.1.1.2.2 从地理和环境条件考虑

地理环境要能保证食品工厂的长久安全性，而环境条件主要保证食品生产的安全卫生性。

① 所选厂址必须要有可靠的地理条件，尽量避免特殊地质如溶洞、湿陷性黄土等。同时厂址不应选在受污染河流的下游。应尽量避免高压线、国防专用线穿越厂区。同时厂址要

具有一定的地基承载力，一般要求不低于 $2 \times 10^5 \mathrm{N/m}^2$。

②厂址所在地区的地形要尽量平坦，以减少土地平整所需工程量和费用。厂区的标高应高于当地历史最高洪水位 $0.5 \sim 1\mathrm{m}$，特别是主厂房和仓库的标高更应高于历史洪水位。厂区自然排水坡度最好在 $0.004 \sim 0.008$ 之间。建筑冷库的地方，地下水位更不能过高。

③所选厂址附近应有良好的卫生条件，避免有害气体、放射性源、粉尘和其他扩散性的污染源。

④所选厂址面积的大小，应在满足生产要求的基础上，留有适当的空余场地，以考虑工厂进一步发展之用。

⑤绿色食品对其加工过程的周围环境有较高的要求。绿色食品加工企业的场地周围不得有废气、污水等污染源，一般要求厂址与公路、铁路有 $300\mathrm{m}$ 以上的距离，并要远离重工业区。如在重工业区内选址，要根据污染情况，设 $500 \sim 1000\mathrm{m}$ 的防护林带；如在居民区选址，$25\mathrm{m}$ 内不得有排放烟（灰）尘和有害气体的企业，$50\mathrm{m}$ 内不得有垃圾堆或露天厕所，$500\mathrm{m}$ 内不得有传染病医院。

⑥对绿色食品加工企业本身，其"三废"应得到完全的净化处理，厂内产生的废弃物，应就近处理。废水经处理后排放，并尽可能对废水、废渣等进行综合利用，做到清洁化生产。

1.1.1.2.3　厂址选择应从投资和经济效果考虑

（1）运输条件

所选厂址应有较方便、快捷的运输条件（公路、铁路及水路）。若需要新建公路或专用铁路时，应选最短距离为好，这样可减少投资。

（2）供电、供水条件

要有一定的供电、供水条件，以满足生产需要为前提，在供电距离和容量上应得到供电部门的保证。同时必须要有充足的水源，而且水质应较好（水质起码必须符合国家卫生健康委所颁发的饮用水质标准）。在城市一般采用自来水，均能符合饮用水标准。

（3）生活条件

厂址附近最好有居民区，这样可以减少宿舍、商店、学校等职工的生活福利设施投资，使其社会化。

1.1.2　厂址选择工作

厂址选择一般分为三个阶段：准备阶段、现场调查阶段和厂址选择方案比较阶段。

1.1.2.1　准备阶段

厂址选择工作由项目建设的主管部门会同建设、工程咨询、设计及其他部门的人员共同完成，收集同类型食品工厂的有关资料，根据批准的项目建议书拟出选厂条件，按建厂条件收集设计基础资料，建厂条件主要有以下几点：

①根据项目建议书提出的产品方案和生产规模拟出工厂的主要生产车间、辅助车间、公共工程等各个组成部分，估算出生产区的占地面积。

②根据生产规模、生产工艺要求估算出全厂职工人数，由此估算出工厂生活区的组成和占地面积。

③ 根据生产规模估算主要原辅料的年需要量、产品产量及其所需的相应设施，如仓库、交通车辆、道路设施布局等。

④ 根据工厂排污（包括废水、废气、废渣）预测的排放量及其主要有害成分，预计可能需要的污水处理方案及占地面积。

⑤ 根据上述各方面的估计与设想，包括工厂今后的发展设想，收集有关设计基础资料，包括地理位置地形图、区域位置地形图、区域地质等，勾画出所选厂址的总平面简图并标注出图中各部分的特点和要求，作为选择厂址的初步指标。

1.1.2.2　现场调查阶段

首先，要开展广泛深入的调查研究，全面掌握现场建厂的客观条件，评估建厂的可能性和现实性；其次，针对准备阶段提出的建厂条件进行调查核实，确认这些条件是否具备，同时检查收集的资料是否齐全；最后，通过实地调查获取真实直观的现场情况，并确定是否需要开展勘测工作。这阶段的工作主要有以下几点。

① 根据现场的地形和地质情况，研究厂区自然地形利用和改造的可能性，以及确定原有设施的利用、保留和拆除的可能性。

② 研究工厂组成部分在现场有几种设置方案及其优缺点。

③ 拟定交通运输干线的走向和厂区主要道路及其出入口的位置，选择并确定供水、供电、供气、给排水管理的布局。

④ 调查厂区历史上洪水发生情况，地质情况及周围环境状况，工厂和居民的分布情况。

⑤ 了解该地区工厂的经济状况和发展规划情况。

现场调查是厂址选择工作中的重要环节，对厂址选择起着十分重要的作用，一定要做到细致深入。

1.1.2.3　厂址选择方案比较阶段

此阶段的主要工作内容是对前面两阶段的工作进行总结，并编制几个可供比较的厂址选择方案，通过各方面比较论证，提出推荐厂址选择方案，写出厂址选择报告，报请相关主管部门批准。

1.1.3　厂址选择报告

在选择厂址时，应尽量多选几个点，根据以上所描述的几个方面进行分析比较，从中选出最适宜者作为厂址，而后向相关部门呈报厂址选择报告。厂址选择报告的内容大致如下。

1.1.3.1　概述

① 说明选址的目的与依据。

② 说明选址的工作过程。

1.1.3.2　主要技术经济指标

① 全厂占地面积（m^2），包括生产区、生活区面积等；

② 全厂建筑面积（m^2），包括生产区、生活区、行政管理区面积；

③ 全厂职工计划总人数；

④ 用水量（t/h、t/a）、水质要求；

⑤ 原材料、燃料用量（t/a）；

⑥ 用电量（包括全厂生产设备及动力设备的定额总需求量）（kW）；

⑦ 运输量（包括运入及运出）（t/a）；

⑧ 三废处理措施及其技术经济指标等。

1.1.3.3　厂址条件

① 厂址的坐落地点，四周环境情况（厂址在地理图上的坐标、海拔高度、行政归属等）；

② 地质与气象及其他有关自然条件资料（土壤类型、地质结构、地下水位、全年气象、风速风向等）；

③ 厂区范围、征地面积、发展计划、施工时有关的土方工程及拆迁民房情况，并绘制1∶1000的地形图；

④ 原料、辅料的供应情况；

⑤ 水、电、燃料、交通运输及职工福利设施的供应和处理方式；

⑥ 给排水方案、水文资料、废水排放情况；

⑦ 供热、供电条件，建筑材料供应条件等。

1.1.3.4　厂址方案比较

依据选择厂址的自然、技术经济条件，分析对比不同方案，尤其是对厂区一次性投资估算及生产中经济成本等综合分析，通过选择比较，确认某一个厂址是符合条件的。

1.2　食品工业区和企业群

对有关工厂进行组群配置，实现工厂专业化协作，可大大节约用地和建设投资，有效地实现原料和"三废"的综合利用，并便于采用先进的生产工艺和科学管理方式，使劳动生产率大幅度提高，也为采用现代的建筑规划处理方法创造条件。

1.2.1　食品工业区的类型

工厂之间是可以采用多种形式实现协作和联合的。不同方式形成的工业区可按其组合的工业企业性质分类，食品加工工业区若以协作关系分类则可分为以下主要类型。

（1）产品生产过程具有连续阶段性的工厂进行联合

即以一种工业部门为主，把原料粗加工、半成品生产以及成品生产的各阶段加以联合，并组成工业区。如稻米加工、果蔬产品、麦面制品等都可以采用这种形式的联合。

把生产上有密切联系的工厂配置在一起的组合方式可减少物料运输距离及半成品的预加工设施，利于能源综合利用，提高劳动生产率，降低成本，还可使工业用地面积缩小10%～20%，各工厂的工业场地面积缩小20%～30%，交通线缩短20%～40%，工程管道减少10%～20%。

（2）以原料的综合利用或利用生产中的废料为基础进行联合

如为了对资源进行综合利用，可将互相利用副产品和废料来进行生产的工厂布置在一个工业区内。如面粉厂、淀粉糖厂、谷朊粉厂，它们之间有密切的副产品综合利用深加工的协作关系，就可将其配置在工业区内或联合建厂。

（3）以各个专业化工厂生产的半成品、个件产品组装成最终产品进行协作

如罐头食品加工可在制罐、若干个不同的罐藏内容物制造专业化的基础上进行协作。这种协作形式的发展，有赖于按专业化协作原则的统一指导。

（4）经济特色的新兴工业区

这是一种新的以协作生产和销售为主的类型。对原料进行预处理时有大量废弃物的加工可在原料基地附近进行，而产品加工为了贴近市场可在市郊的工业区内进行，是一种对原料、市场因素较合理的分配形式，可达到节约投资、提高产品质量的效果。

（5）共用公共设施

在工业区内，共同组织和修建厂外工程（工业编组站、铁路专用线、道路网线等），动力设施（热电站、煤气发生站、锅炉房等），厂前区建筑（办公楼、食堂、商务会所等），以及与城镇配合共同建设生活区和配备较齐全的商业服务和文化生活设施，不但能使工业区的规划布置合理，而且还能节约用地和投资。

（6）综合性协作和联合

前五种是以某一种协作内容和形式所组成的工业区。在工业区布局实践中，工业协作的内容却往往难以严格区分。如以第一种联合形式所组成的工业区，常常也辅之以综合利用项目和共同组织、建设的项目，故一般工业区的协作和联合都具有综合性。

1.2.2　食品工业区的规模及其配置

城市工业区是以地域联合为基础来配置企业及有关协作项目的，它是城市的有机组成部分。一般根据生产特点和生产中的协作关系，组成各种不同的工业区。

1.2.2.1　工业区的组成

工业区主要由生产厂房、各类仓库、动力设施、运输设施、厂区公共服务设施、科学实验中心、绿化地带及发展备用地等组成。

① 生产厂房一般包括生产车间和辅助车间，它是工业区的主要组成部分。我国一般工业区内，生产厂房用地面积占总用地面积的 26%～50%。

② 仓库包括原料、燃料、备用设施、半成品、成品等仓库。除了工厂单独设置的仓库外，还有为了共同使用码头或站场而联合设置的仓库和货场。

③ 动力设施及公用设施包括热电站、煤气发生站、变电所、压缩空气站等。大型联合企业一般单独设置，中小型工厂则联合设置或合用大企业的设施。

④ 运输设施主要供各工厂运送原料、辅料、包装材料、燃料、成品、废弃物等，并可密切各工厂之间的各种联系。它包括铁路专用线、道路以及各种垂直、水平的机械运输设施。

⑤ 厂区公共服务设施包括行政办公、食堂、医院、商务会所、俱乐部、幼托机构、停车场等。一般要求统一规划，联合修建。

⑥ 科学实验中心包括设计院、研究所、实验室等。随着近代工业的发展，在工业区内设置科研教育机构已成为不可缺少的内容，在这里除进行科研外，还为培训技术骨干创造了

条件。

　　⑦ 绿化地带由工业区绿地和卫生防护带组成。

　　⑧ 发展备用地，有的工业区根据本区的地域条件、工业的发展情况，适当留有一定数量的发展备用地。

1.2.2.2　食品工业区的规模

　　工业区的规模一般是指工业区的职工人数和用地面积。它随城市的性质，工业的内容、性质，工业区在城市中的分布、组成以及建设条件和自然条件而有所不同。食品工业区在确定规模时，要视具体情况因地制宜。

1.2.2.3　食品工业区的配置

　　食品工业区在城市的配置，按组成工业区的主体工业的性质、三废污染情况、货运量和用地规模的大小以及它们对城市的影响程度，大体上可分为三种配置情况。

（1）在城市内配置

　　对于污染小或没有污染、占地小、运输量不大的食品工业，如饮料、焙烤、休闲食品以及某些方便快餐食品等，可配置在市内街坊地段，并以街坊绿化或城市道路绿化与住宅群分隔。

　　对于有噪声、有可燃物和微量烟尘的中小型工业，如粮食加工厂、中央厨房、乳品厂等则不宜配置在居住区内，而应将其配置在市内单独地段，并采取有效的环境保护措施和配置一定的防护绿带。

（2）在城市边缘配置

　　对城市有一定污染、用地较大、运输量中等或需要采用铁路运输的工厂，宜配置在城市边缘地带。

（3）远离城市配置

　　对原料依赖性很强、有大量有机废弃物、运输量大或有特殊要求的工厂，如水果和蔬菜加工厂、肉类联合加工厂等，远离城市配置是适宜的。

1.3　产品方案及班产量的确定

　　产品方案又称生产纲领，它实际上就是食品工厂准备全年生产哪些品种和各产品的数量、产期、生产班次等的计划安排。尽可能对原材料进行综合利用及加工成半成品贮存，待到淡季时再进行加工（如茄汁制品及什锦水果等），由于罐头食品工厂和果蔬食品加工厂在所有的食品工厂中产品最多，季节性又强，产品方案编排最为复杂，所以下面的工艺设计中以罐头工厂、果蔬加工厂和乳品工厂的举例为主。

　　在编排生产方案时，应根据设计计划任务书的要求及原料供应的可能，考虑本设计需用几个生产车间才能满足要求？各车间的利用率又如何？另外，在编排产品方案时，每月一般按25d计，全年的生产日为300d，如果考虑原料等其他原因，全年的实际生产日数也不宜少于250d，每天的生产班次一般为1～2班，季节性产品高峰期则按3班考虑。

　　在编制产品方案时，还必须确定主要产品的产品规格和班产量。

　　一般来说，一种原料生产多种规格的产品时，应力求精简，以利于实现机械化。但是，为了提高原料的利用率和使用价值，或者为了满足消费者的需要，往往有必要将一种原料生产成多种规格的产品（即进行产品品种搭配）。下面列举若干种产品品种搭配的大体情况，供参考。

　　① 冻猪片加工肉类罐头的搭配，3~4 级的冻片猪出肉率在 75% 左右，其中可用于午餐肉罐头的为 55%~60%，圆蹄罐头 1%~2%，排骨罐头 5% 左右或扣肉罐头 8%~10%，其余可生产其他猪肉罐头。

　　② 番茄酱罐头，罐型的搭配尽可能生产 70g 装的小型罐，但限于设备的加工条件，通常是 70g 装的占 13%~30%，198g 装占 10%~20%，3000g 或 5000g 装的大型罐占 40%~60%。现在番茄酱的生产已西迁至新疆、宁夏等地，他们生产的番茄酱有的运送到苏、沪一带再分装成小罐。

　　③ 蘑菇罐头中整菇和片菇、碎菇比例的搭配一般为整菇占 70%、片菇和碎菇占 30% 左右。

　　④ 水果类罐头品种的搭配，在生产糖水水果罐头的同时，需要考虑果汁、果酱罐头的生产，其产量视原料情况和碎果肉的多少而定。

　　⑤ 速冻芦笋生产中条笋和段笋比例的搭配对原料的综合利用和生产成本有着决定性的影响，一般条笋占 70%，段笋占 30%。

　　在设计时，应按照下达任务书中的年产量和品种，制定出多种产品方案。作为设计人员，应制定出两种以上的产品方案进行分析比较，做出决定，比较项目大致如下：

　　① 主要产品年产值的比较；

　　② 每天所需生产工人数的比较；

　　③ 劳动生产率的比较（年产量工人总数，其中年产量以吨计）；

　　④ 每天工人最多最少之差的比较；

　　⑤ 平均每人每年产值的比较［元/（人·年）］；

　　⑥ 季节性的比较；

　　⑦ 设备平衡情况的比较；

　　⑧ 水、电、气/汽消耗量的比较；

　　⑨ 组织生产难易情况的比较；

　　⑩ 基建投资的比较；

　　⑪ 经济效益（利税，元/年）的比较；

　　⑫ 社会效益的比较；

　　⑬ 结论。

根据上述各项的比较，在几个产品方案中找出一个最佳方案，作为设计的依据。

第2章

食品生产质量安全控制与环境保护

2.1 食品生产及相关的国家/行业/企业标准

2.1.1 肉及肉制品生产企业安全控制

为提高肉及肉制品安全水平、保障人民身体健康、提高我国食品企业市场竞争力，针对企业卫生安全生产环境和条件、关键过程控制、产品检测等，提出了建立我国肉及肉制品企业食品安全管理体系的专项要求——GB/T 27301—2008《食品安全管理体系　肉及肉制品生产企业要求》。

该标准是 GB/T 22000—2006《食品安全管理体系　食品链中各类组织的要求》在肉及肉制品生产企业应用的专项技术要求，是根据肉及肉制品行业的特点对 GB/T 22000—2006 要求的具体化。

为了确保肉及肉制品生产企业的管理体系符合国内外有关法规要求。该标准的"关键过程控制"主要包括原料验收，以强调食品安全始于农场的理念；重点提出了宰前、宰后检验要求，以体现肉类屠宰的特殊性；同时也引入微生物控制的要求，提倡通过过程卫生监控，确保产品的安全。鉴于肉制品加工生产企业在生产加工过程方面的差异，该标准只提出了对肉制品的一般要求。为了与其他法规保持一致，该标准还引入卫生标准操作程序（SSOP，sanitation standard operating procedure）概念和要求。

2.1.1.1 基本术语

（1）**肉**（meat）
适合人类食用的、家养或野生哺乳动物和禽类的肉、肉制品以及可食用的副产品。

（2）**宰前检验**（ante-mortem inspection）
在动物屠宰前，判定动物是否健康和适合人类食用进行的检验。

（3）**宰后检验**（post-mortem inspection）
在动物屠宰后，判定动物是否健康和适合人类食用，对其头、胴体、内脏和动物其他部分进行的检验。

（4）肉类卫生（meat hygiene）

保证肉类安全、适合人类食用的所有条件和措施。

（5）肉制品（meat product）

以肉类为主要原料制成并能体现肉类特征的产品（罐头除外）。

（6）卫生标准操作程序（sanitation standard operating procedure，SSOP）

企业为了保证达到食品卫生要求所制订的控制生产加工卫生的操作程序。

（7）危害分析和关键控制点（hazard analysis and critical control point，system HACCP）

对食品安全显著危害进行识别、评估以及控制的体系，即以 HACCP 原理为基础的食品安全控制体系。

2.1.1.2 相关的标准

GB 12694 食品安全国家标准 畜禽屠宰加工卫生规范

2.1.1.3 安全控制要点

2.1.1.3.1 前提方案

从事肉及肉制品生产的企业，在根据 GB/T 22000—2006 建立食品安全管理体系时，为满足该标准 6.2、6.3 和 7.2 条款的要求，应遵循 GB 12694—2016。

（1）基础设施与维护

肉类屠宰生产企业设备设施的布局、维护保养应至少符合 GB 12694—2016 的要求；肉制品生产企业设备设施的布局、维护保养应至少符合 GB 19303—2023 的要求。

（2）卫生标准操作程序（SSOP）

肉及肉制品生产企业应制订书面的卫生标准操作程序（SSOP），明确执行人的职责，确定执行的方法、步骤和频率，实施有效的监控和相应的纠正预防措施。

制定的卫生标准操作程序（SSOP），内容不少于以下方面：

① 接触食品（包括原料、半成品、成品）或与食品有接触的物品的水和冰应当符合安全、卫生要求。

② 接触食品的器具、手套和内外包装材料等应清洁、卫生和安全。

③ 确保食品免受交叉污染。

④ 手的清洗消毒、洗手间设施的维护与卫生保持。

⑤ 防止润滑剂、燃料、清洗消毒用品、冷凝水及其他化学、物理和生物等污染物对食品造成安全危害。

⑥ 正确标注、存放和使用各类有毒化学物质。

⑦ 保证与食品接触的员工的身体健康和卫生。

⑧ 清除和预防鼠害、虫害。

2.1.1.3.2 关键过程控制要求

（1）对供宰动物的要求

供宰动物应来自经国家主管部门备案的饲养场，饲养场实施了良好农业规范（GAP）和（或）良好兽医规范（GVP）管理，出场动物附有检疫合格证明。

（2）肉制品加工原料、辅料的卫生要求

① 原料肉应来自定点的肉类屠宰加工生产企业，附有检疫合格证明，并经验收合格。

② 进口的原料肉应来自经国家注册的国外肉类生产企业，并附有出口国（地区）官方兽医部门出具的检验检疫证明副本和进境口岸检验检疫部门出具的入境货物检验检疫证明。

③ 辅料应具有检验合格证，并经过进厂验收合格后方准使用。原、辅材料应专库存放。食品添加剂的使用要符合 GB 2760—2024 的规定，严禁使用未经许可或肉制品进口国禁止使用的食品添加剂。

④ 超过保质期的原、辅材料不得用于生产加工。

⑤ 原料、辅料、半成品、成品以及生、熟产品应分别存放，防止污染。

（3）宰前检验

屠宰动物宰前检验的一般要求如下。

屠宰动物应充分清洗干净，以保证卫生屠宰和加工。屠宰动物的存放环境应该能减少食源性病原微生物的交叉污染，并且有利于有效的屠宰和加工。屠宰动物首先应进行宰前检验，其采用的程序和使用的检验手段应具有权威性。宰前检验应建立在科学和风险分析的基础上，考虑初级生产所需的所有相关信息。初级生产的相关信息和宰前检验结果须应用到生产加工的过程控制。对宰前检验的结果进行分析并将其反馈给初级生产。

圈栏条件：

采取措施尽可能最大程度地减少食源性病原菌污染动物；屠宰动物的存放应确保它们的生理状态没有受到损害并且有利于宰前检验的有效执行，如动物应充分休息，不能过度拥挤，有挡风遮雨的设施，能提供水和食物；将不同种类和类型的屠宰动物分开；通过检查能确保屠宰动物充分清洗干净或/和干燥（如羊）；通过检查确保在屠宰前动物已适当地停止采食，如家禽在运往屠宰场以前；保留动物的编号（个体或群体）；将所有个体动物或群体动物的相关信息传递给宰后检验者。

宰前检验：

所有待屠宰动物无论是个体还是群体都应进行宰前检验。检验内容包括确定所有动物不是来源于影响公共健康的隔离区，且充分清洗干净从而保证安全屠宰和加工。以下动物不得进行屠宰：

① 在运输过程中死亡的动物。

② 有传染病的动物或隐性感染动物。

③ 有检验限制疾病的动物或隐性携带者。

④ 不能辨认区分的动物。

⑤ 缺乏主管部门必需的证明或来源不详的动物。

宰前检验的内容包括：

① 提交动物在牧场通过屠宰前检验的证明。

② 如果动物处在怀孕期或有近期分娩、流产的记录应停止宰前检验。

③ 实施宰前检验制度，对动物进行检查并记录结果。宰后进一步鉴定可疑动物。

④ 冲洗并再次检查动物是否干净。

⑤ 在宰前检验人员的许可下将死在畜栏里的动物移走，例如，代谢病、压迫窒息的动物。

宰前检验的判定：

① 可屠宰。

② 在经过一段饲养期后可屠宰，例如，当动物休息不充分的时候，或者受到暂时的代

谢或生理因素影响的时候。

③ 通过检验人员的宰前检验之后，在特殊条件下可屠宰，即作为延期屠宰。

④ 判定公共卫生因素，即由于食源性危害、职业健康危害，或者存在由屠宰引起的不可接受的污染和屠宰后环境污染的可能性。

⑤ 动物福利因素。

⑥ 紧急屠宰，当动物经过特殊的检测流程达到合格标准后，可进行紧急屠宰。但若在等待屠宰期间情况恶化则延迟屠宰。

（4）宰后检验

宰后检验的一般要求：

所有动物都应接受宰后检验。动物宰后检验应利用动物饲养初级生产和宰前检验信息，结合对动物头部、胴体和内脏的感官检验结果，判定其用于人类消费的安全性和食用性。感官检验结果并非能完全准确判断动物可食部分的安全性或适应性。这些部位应该被分离出来，并做随后的确认检验和/或试验。

宰后检验的要求：

① 保持动物所有可食部分（包括血）的唯一标识，直到检验结束。

② 为便于检验而对头部去皮去毛，例如，为检验下颌淋巴结要对头部做部分去皮，为检验咽后淋巴结而分开舌头根部。

③ 根据主管当局的要求把用于检验的部分送交有关部门。

④ 在宰后检验之前，禁止企业人员故意去除或更改动物有疾病或缺陷的证据，或动物身份标记。

⑤ 从出脏区迅速取出动物胚胎，采用主管当局兽医确认的方法转移或做其他处理，例如，收集胎儿血液。

⑥ 所有需要检验的动物要留置在检验区，直到检验或判定结束。

⑦ 提供设施以在动物安全性和适用性判定做出前，对动物所有部分进行更详细的检验和/或诊断试验，并要采用避免与其他动物肉品有交叉污染的方式。

⑧ 从刺伤部位去除胴体废弃的部分。

⑨ 老龄动物的肝和/或肾重金属蓄积达到不可接受的量时，应当废弃。

⑩ 根据确定的健康标记，标明宰后检验结果。

宰后检验的内容：

① 建立在危害分析基础上的宰后检验和实验应有可行性与可操作性。

② 验证电麻与放血是否恰当。

③ 动物部分的视觉检验、动物的触诊和/或切开诊断，包括不可食用部分。

④ 检验员为一个动物个体进行判定而必须进行另外的触诊和/或切开诊断时，需要在一定的卫生控制措施下进行。

⑤ 当需要时，可系统地切开多个淋巴结。

⑥ 其他感官检验的程序，例如嗅觉、触觉。

⑦ 需要时，在主管兽医指导下进行实验室诊断和其他测试。

⑧ 确认卫生标识正确使用，卫生标识设备贮存安全。

宰后检验的判定：

① 安全、适合人类食用。

② 按规定的加工方式加工的，例如蒸煮、冷冻之后，安全、适合人类食用。

③ 在进一步检验和/或实验结果出来以前，要对食品的不安全性或不可食用性保持一种

怀疑态度。

④ 对人类食用不安全，也就是说，由于肉源性危害或职业健康/肉处理危害造成的，可将这些产品用于其他用途，例如，宠物食品、动物饲料、工业非食用，但前提是应能提供足够的卫生处理措施来控制危害的传播或者控制通过非法渠道进入人类食物链。

⑤ 不适合人类食用但可以作其他用途，例如作宠物食品、动物饲料、工业非食用原料，前提是严格控制防止通过非法途径进入人类食物链。

⑥ 不适合人类食用的，要被废弃或销毁。

（5）其他方面的控制

① 粪便、奶汁、胆汁等可见污染物的控制。肉类屠宰生产企业应控制胴体的粪便、奶汁、胆汁等肉眼可见污染物为零。

② 鲜肉微生物的控制。肉类屠宰加工生产企业应根据产品的卫生要求，建立具有相应检测能力的实验室，配备有资质人员进行微生物学检测，定期或不定期对产品生产的主要过程（涉及食品卫生安全）进行监控，发现问题及时纠正，以满足成品的卫生要求。

③ 肉制品中致病菌的控制。肉类及其制品中不得检出致病菌，主要包括沙门菌、致病性大肠埃希菌、金黄色葡萄球菌和单核细胞增生性李斯特菌等。

④ 物理危害的控制。生产企业需配备必要的检测设备以控制物理危害，如金属探测仪等。

⑤ 化学危害的控制。生产企业应充分考虑原料和加工过程（配辅料、注射或浸渍）中可能引起的化学危害（农兽药残留、环境污染物、添加剂的滥用等）并加以有效控制。

⑥ 肉制品中添加辅料的控制。食品添加剂的加入量应符合 GB 2760—2024 标准的规定。

⑦ 肉制品加工过程中温度的控制。肉制品熟制、冷却、冷藏过程中温度、时间的控制和产品中心温度的控制符合 GB 19303—2023 标准。

2.1.1.3.3 产品检测

① 应有与生产能力相适应的内设检验机构和具备相应资格的检验人员。

② 内设检验机构应具备检验工作所需要的标准资料、检验设施和仪器设备；检验仪器应按规定进行计量检定。

③ 委托社会实验室承担检测工作的，该实验室应具有相应的资格。

④ 产品应按照相关产品国家、行业等专业标准要求进行检测判定。

⑤ 最终产品微生物检测项目包括常规卫生指标（菌落总数、大肠菌群）和致病菌。

2.1.2 谷物加工企业安全控制

为提高谷物磨制品安全水平、保障人民身体健康、增强我国食品企业市场竞争力，国家发布了 T/CCAA 0001—2014《食品安全管理体系　谷物加工企业要求》。该标准从我国谷物加工企业食品安全存在的关键问题入手，结合谷物加工企业生产特点，针对企业卫生安全生产环境和条件、关键过程控制、产品检验等，提出了建立我国谷物加工企业食品安全管理体系的专项技术要求。

鉴于谷物加工企业在生产过程方面的差异，为确保食品安全，除在高风险食品控制中所必须关注的一些通用要求外，该标准还特别提出了针对本类产品特点的"关键过程控制"要求。主要包括原辅料控制、与产品直接接触内包装材料的控制、食品添加剂的控制，强调组织在生产过程中的化学和生物危害控制；重点提出对谷物的采购、食品添加剂的使用、碾米或研磨过程、发芽成品包装过程的控制要求，突出合理制定工艺与技术，加强生产过程监测及环境卫生的控制对于食品安全的重要性，确保消费者食用安全。

2.1.2.1　谷物加工品基本术语

（1）谷物磨制品

以谷物为原料经清理、脱壳、碾米（或不碾米）、研磨制粉（或不研磨制粉）、压制（或不压制）等工艺加工的粮食制品，如大米、高粱米、小麦粉、荞麦粉、玉米渣、燕麦片等。

（2）谷物粉类制成品

以谷物碾磨粉为主要原料，添加或不添加辅料，按不同生产工艺加工制作未经熟制或不完全熟制的成型食品，如拉面、生切面、饺子皮、通心粉、米粉等。

（3）其他谷物加工

除谷物磨制品、谷物粉类制成品以外的、以谷物原料加工而成的面筋、谷朊粉、发芽糙米、麦芽等谷物加工品。

（4）谷物相关产品

除谷物磨制品以外的谷物粉类制成品、其他谷物加工品等。

（5）碾米

碾去糙米皮层的工序。

（6）研磨

制粉过程中碾开、剥刮、磨细诸工序的总称。

（7）清理

除去原粮中所含杂质的工序的总称。

（8）着水

将水均匀地加入谷物中的工序。

（9）润麦

将着水后的小麦入仓静置，使麦粒表面的水向内部渗透并均匀分布的过程。

（10）发芽糙米

发芽糙米是指将糙米在一定温度、湿度下进行培养，待糙米发芽到一定程度时，将其干燥，所得到的由幼芽和带糠层的胚乳组成的制品。

（11）啤酒麦芽

以二棱、多棱啤酒大麦为原料，经浸麦、发芽、烘烤、焙焦所制成的啤酒酿造用麦芽。

2.1.2.2　相关的标准

GB 2715　食品安全国家标准　粮食

GB 2760　食品安全国家标准　食品添加剂使用标准

GB 5749　生活饮用水卫生标准

GB 7718　食品安全国家标准　预包装食品标签通则

GB 13122　食品安全国家标准　谷物加工卫生规范

GB 14880　食品安全国家标准　食品营养强化剂使用标准

GB 14881　食品安全国家标准　食品生产通用卫生规范

GB/T 8872　粮油名词术语　制粉工业

GB/T 8875　粮油术语　碾米工业

2.1.2.3　安全控制要点

2.1.2.3.1　前提方案

（1）基础设施与维护

① 厂区环境和布局

谷物磨制品生产企业应建在交通方便、水源充足，远离粉尘、烟雾、有害气体及污染源的地区，其生产场所、必备的生产设备应满足国家市场监督管理总局制定的《大米生产许可证审查细则》《小麦粉生产许可证审查细则》《其他粮食加工品生产许可证审查细则》的相关要求。

厂区主要道路和进入厂区的道路应铺设适于车辆通行的坚硬路面如混凝土或沥青路面。道路路面应平坦、无积水。厂区内应进行合理绿化，保持环境整洁，并有良好的防洪、排水系统。生产区域应与生活区域隔离。生产区域内厂房与设施必须根据工艺流程、环保和食品卫生要求合理布局。

生产区域内凡使用性质不同的场所（谷物仓、精选间、碾米或磨粉间、包装间等），应分别设置或加以有效隔离。包装场所应分设谷物成品包装室和副产品包装室，并加以有效隔离。厂区内锅炉房、储煤场等应当远离生产区域和主干道，并位于主风向的下风处。

厕所应是水冲式，并设有洗手设施。厂内应设有与职工人数相适应的淋浴室。废弃物的暂存场地，要远离生产车间、原粮和成品库。废弃物应及时清运出厂，并对废弃物存放处随时消毒。企业应对虫害和鼠害进行控制，灭虫、灭鼠措施不得对产品安全造成新的危害。厂区内禁止饲养家禽、家畜及其他动物。

② 生产车间

地面应平整、光洁、干燥。内墙和天花板应采用无毒、不易脱落的装饰材料。门窗应完整、紧密，并具有防蝇、防虫、防鼠功能。车间内应有通风设施，防止粉尘污染。必备的清理、砻谷、谷糙分离、碾米、分级、抛光、色选以及制粉和包装设备中与被加工原料直接接触的零部件材料应选用无毒、无害、无污染材料。生产设备与被加工原料接触部位不应有漏、渗油现象。生产设备使用的润滑油不应滴漏于车间地面。应定期清理生产设备中的滞留物，防止霉变。

设备和管道应严密，防止粉尘外扬。更衣室应与生产车间相连，更衣室内应每人配备更衣柜。车间入口处应配备适当的、符合卫生要求的洗手设施，直接接触产品的工作人员应按要求进行洗手。

③ 附属设施

应有与生产能力相适应的、符合卫生要求的原辅材料、化学物品、包装物料、成品的贮存等辅助设施，并要求与生产车间分离。

④ 成品贮藏和运输

谷物磨制成品应存放在专用仓库内，保持仓库环境的卫生、清洁、干燥、通风。库内不得存放其他物品。仓库内地面须设铺垫物。成品垛应离地离墙。不同品种、不同加工批次的成品应分别垛放。运输用的车辆、工具、铺垫物应清洁卫生、干燥，不得将成品与污染物同车运输。运输中要防雨淋、防暴晒、防灰尘。

（2）其他前提方案

企业应根据危害分析的结果和其他要求制定形成文件的其他前提方案，明确其实施的职责、权限和可执行频率，实施有效的监控和相应的纠正预防措施。其他前提方案至少应包括以下几个方面：

① 接触原料、半成品、成品的物品和水应当符合安全卫生要求。

② 接触产品的器具、手套和内外包装材料等应清洁、卫生和安全。

③ 确保食品免受交叉污染。

④ 保证接触产品的操作人员严格洗手消毒，保持卫生间设施的清洁。

⑤ 防止润滑剂、燃料、清洗消毒用品、冷凝水及其他化学、物理和生物等污染物对食品造成安全危害。

⑥ 正确标注、存放和使用各类有毒化学物质。

⑦ 保证与食品接触的员工的身体健康和卫生。

⑧ 对鼠害、虫害实施有效控制。

⑨ 控制包装、储运卫生。

2.1.2.3.2　关键过程控制

（1）原辅料验收

企业应编制文件化的原辅材料控制程序，建立原辅料合格供方名录，制定原辅料的验收标准、抽样方案及检验方法等，并有效实施。采购的原粮及辅料应符合 GB 2715—2016 的要求、相应原粮的质量标准以及顾客、出口产品输入国相关法规要求，不得使用陈化粮。每批原粮经验收合格后，方可使用。原粮应贮存在阴凉、通风、干燥、洁净并有防虫、防鼠、防雀设施的仓库内。

（2）内包装材料的控制

应建立与产品直接接触内包装材料合格供方名录，制订验收标准，并有效实施。内包装材料接收时应由供方提供安全卫生检验报告，应符合 GB/T 17109 的要求。当供方或材质发生变化时，应重新评价，并由供方提供检验报告。

（3）食品添加剂的控制

加工过程使用的食品添加剂应符合 GB 2760 和 GB 14880 的规定。食品添加剂应设专门场所贮存，由专人负责管理，记录使用的种类、许可证号、进货量和使用领料量，以及有效期限等。添加剂使用时应及时监测生产过程中的添加数量，对混配设施应定期检查检修，保证添加剂混合均匀。

（4）谷物的清理

磨制原粮必须经过筛选、磁选、风选、去石等清理过程，以去除金属物、沙石等杂质。风网系统的设备、除尘器、风机应合理组合，使之处于最佳工作状态。要根据不同的设备组合要求，选择最佳的工艺参数，达到除杂效果。生产过程中要监视测量工艺参数和除杂结果，保证成品中限度指标（灰分、含砂量、磁性金属物、矿物质、不完善粒、黄粒米等）符合相应要求。保证生产工艺过程中用水的清洁卫生，储水箱要定时进行清洁消毒。

（5）碾米或研磨

在谷物碾米、抛光或研磨制粉加工过程中，应制订合理工艺与技术要求，控制谷物着水量及润水时间，防止谷物产品水分超标。谷物研磨制粉过程中应经常检查研磨设备的工作状态和研磨效果，及时更换磨辊或检修，尽可能降低产品中由于机器磨损产生的磁性金属物含量。制粉车间、打包间或成品库内清扫的土面不得回机，凡含有在生产过程中不能确定和有效清除污染物的谷物成品、半成品、退换品不得回机处理。磁选设备应定期清理，保证磁选效果。对色选、检查（保险）筛应合理制定工艺与技术要求，并加强监控，保证效果。

（6）糙米发芽、干燥过程控制

生产发芽糙米应制定合理的工艺与技术参数要求，控制浸泡、发芽温度与时间。如需加工成干制品，应合理运用干燥设备及工艺参数。

（7）啤酒麦芽发育过程控制

啤酒麦芽生产应严格控制发芽过程的温度、湿度、通风及设施、设备与环境的卫生。高温、高湿季节，应采取有效措施控制发芽过程的微生物繁殖。啤酒麦芽发芽过程中采取的控制措施应符合相关法律、法规及标准要求，不得对食品造成安全危害。

（8）产品包装

产品的包装过程应保证产品的品质和卫生安全，避免杂质、致病性微生物及断针等金属物污染成品。产品标识应符合 GB 7718—2011 的相关要求。

2.1.2.3.3 产品检验

① 企业应有与生产能力相适应的内设检验机构，并有具备相应资格的检验人员。

② 企业内设检验机构应具备检验工作所需要的检验设施和仪器设备；检验仪器应按规定进行检定或校准。

③ 必备的检验设备和检验项目应满足国家市场监督管理总局制定的《大米生产许可证审查细则》《小麦粉生产许可证审查细则》《其他粮食加工品生产许可证审查细则》的相关要求。

④ 企业委托外部实验室承担检验工作的，该实验室应具有相应的资质。

⑤ 产品抽样应按照规定的程序和方法执行，确保抽样工作的公正性和样品的代表性、真实性，抽样方案应科学；抽样人员应经专门的培训，具备相应的能力。

2.1.3 饮料生产企业的安全控制

T/CCAA 0016—2014《食品安全管理体系 饮料生产企业要求》是结合饮料企业的生产特点，针对企业卫生安全生产环境和条件、关键过程控制、检验等，提出的建立我国饮料生产企业食品安全管理体系的专项技术要求。

鉴于饮料生产企业在生产加工过程方面的差异，为确保产品安全，除在高风险产品控制中所应关注的一些通用要求外，本技术要求进一步明确了针对本类产品特点的"关键过程控制"要求。主要包括采购控制、配料水的处理、配料控制、杀菌、灌装（包装）过程控制、贮存和运输、产品的标识，确保消费者食用安全，确保认证评价依据的一致性。

本节内容不包括酒精饮料生产企业和果蔬汁生产企业。

2.1.3.1 基本术语

专业术语和定义同 GB/T 15091。

2.1.3.2 相关的标准

《饮料生产许可审查细则（2017 版）》

GB 5749　生活饮用水卫生标准

GB 12695　食品安全国家标准　饮料生产卫生规范

GB/T 15091　食品工业基本术语

GB 17405　保健食品良好生产规范

2.1.3.3　安全控制要点

2.1.3.3.1　前提方案

（1）基础设施及维护

饮料生产企业应符合 GB 12695 关于基础设施和维护保养的要求。特殊用途饮料生产应符合 GB 17405—1998 相关要求。各类饮料产品必备的生产设备、设施资源，应符合《饮料生产许可审查细则（2017 版）》相关要求，并建立和落实维护保养制度。

管路清洗宜配置原位清洗系统（CIP）。风险较高产品的管路宜依据不同清洁度要求分别独立配置清洗系统。

（2）其他前提方案

卫生制度、环境卫生、厂房设施卫生、机器设备卫生、清洗消毒、除虫灭害、污水污物管理应符合 GB 12695 卫生管理要求。水处理系统运行应达到预定的水质要求，储水设施应有防污染措施，并应定期清洗消毒，各区域洁净级别和换气净化系统的清洁度应达到相关卫生要求。

生产设备、工具、容器、泵、管道及其附件等进行清洗、消毒应控制：

① 包装（灌装）设备运行前及运行一段时间后，应对其储料罐、管道、设备上接触产品流体的关键部位进行物理和化学清洗，清除微生物和矿物质结垢等杂质。

② 对管路清洗、消毒采用原位清洗系统（CIP），应控制系统密闭性、清洗液温度和浓度及洗液与管道充分接触时间、溶液流速。采用常规拆卸清洗系统（COP）时，应控制拆卸过程，防止毁坏连接件。应定期对其清洁程度和杀菌效果实施验证。

③ 其他清洗，当采用热水冲洗时，水温应达到 60℃；高压冲洗，应避免污垢凝结到待清洗表面以防止微生物的生长。

④ 清洗所使用的清洗剂、消毒剂应符合有关食品卫生要求。

⑤ 在短暂的停工期，保持辅助设备良好运转。生产结束后，设备清理、清洗应达到食品卫生要求。

溶解、调配、过滤、灌装、封罐、杀菌、灌装包装等工序，直接接触物料、内包装环节，应配备有效的洗手消毒措施；地面应随时冲洗清洁，设备使用后应马上冲洗和清洗，尽量避免污垢干燥；配料工序，在加工食品和配料时要小心以减少溢出；灌装包装工序，应及时清理掉废气包装材料，垃圾箱宜有非手动式装置。宜采用机械清扫机或擦洗机进行清扫和/或擦洗。宜采用轻便式或集成式泡沫清洗系统以及 50℃ 水，有效清洗重污垢区域、未包装产品及其他碎片。适宜时拿开、清洗和更换排水沟盖。应制定并实施瓶、盖卫生操作规程，灌装时瓶、盖或其他内包装物均应清洁卫生，菌落总数、大肠菌群检测指标符合相关产品卫生规范要求。

采用超洁净灌装（ultra-clean filling）技术时，应对包装材料（瓶和盖）的消毒、灌装空间的净化、灌装设备外部的清洁和消毒、物料灌装通道的清洗和消毒以及操作过程中相关人员污染控制等诸多技术环节实施有效管理，定期验证消毒效果。热灌装生产线中，空盖的消毒方式宜采用连续喷冲法和浸泡法。空瓶的消毒：在低速生产线中，应采用灌注消毒法并控制消毒液作用时间；在中、高速生产线中，应采用消毒液的喷冲法，选用杀菌能力强的消毒剂。

生产线灌装区域的净化应采用生物洁净室，微生物的静态控制等级应达到国家规定的百级净化标准。

在生产准备期，应采用药物熏蒸方式对灌装区域进行消毒处理。

在生产前，利用COP和SOP操作对设备表面进行清洗和消毒，利用臭氧对空气消毒。

生产过程中，通过空气洁净系统将臭氧扩散至所控制的整个洁净区域，应使臭氧浓度均匀，以杀灭杂菌和霉菌。

灌装区域宜设置自动消毒液气溶胶喷雾熏蒸系统，可自动定期对灌装空间及其设备表面进行消毒。

过滤器应定期更换滤膜、滤棒、滤芯等。定期更换设备中的垫片和密封圈以减少渗漏和溅出现象。杀菌后加入的配料（从增香系统倒回管路的水果香精油等），应采取适宜措施以防止不良微生物的引入；冷热交替季节，生产车间应采取措施以防止霉菌滋生和繁殖。防止润滑剂、燃料、清洗消毒用品、冷凝水及其他化学、物理和生物等污染物对食品造成安全危害；正确标注、存放和使用各类化学物质，保证相关人员获取使用说明或接受有效培训；采取有效措施控制鼠害、虫害。

2.1.3.3.2 关键过程控制

（1）采购控制

应建立选择、评价供方程序，对原料、辅料、容器及包装物料的供方进行评价、选择，建立合格供方名录。饮料生产企业应制订原料、辅料、包装物、饮料容器的接受准则或规范。生产用原料、辅料应符合相关质量标准要求，出口产品应满足进口国卫生要求和消费国卫生要求，避免有毒、有害物质的污染。已实施生产许可管理制度的，应索取相关合法证明（有效许可证复印件等）。

原辅料的采购需符合质量标准要求并保留相关证据，需对其最长贮存期限和贮存数量实施管理。超过保质期的原料、辅料不得用于生产；残留（农药与兽药残留，重金属，生物与化学毒素，有毒物质，超标的微量元素等）超过相关限量规定的禁止使用。

原辅料贮存场所应有有效的防治有害生物滋生、繁殖的措施，防止外包装破损所造成的污染。启封后的原辅料，未用尽时不可裸露放置，易腐败变质的原料应及时加工处理，需冷冻或冷藏的原辅料，需选择适宜条件贮藏，有冷库的宜配置自动温度控制和记录装置，辅以人工监测和记录。

加工用的原浆饮料、浓缩饮料应符合相关质量安全卫生要求。不应使用我国、销售国或消费国禁止使用的配料，特殊用途的饮料中严禁添加我国颁布的禁用物品和销售国颁布的禁用药物，应符合《保健食品注册与备案管理办法》要求。为增加营养价值而加入食品中的天然或人工的营养素，其使用范围及使用量应符合GB 14881要求。饮料中使用的食品添加剂应符合GB 2760的规定。

加入饮料中的二氧化碳应符合相关规定，必要时应净化处理。灌装/包装用的内包装物及其他包装材料应符合相应产品卫生标准规定，必要时要符合销售国的规定。回收使用的玻璃瓶需考虑爆瓶安全性能要求，其他预包装容器不允许回收使用。采用超洁净灌装技术时，热灌装的PET瓶和瓶盖需要选择合理的包装方式并严格控制包装材料的储运条件。

（2）配料水的处理

配料水的水质处理符合饮料工艺用水卫生标准要求，应有水处理和水质监测记录。

（3）配料控制

配方正式投入生产使用或变更时，所投入物料类别和限量物质的比例应经过食品安全小组复核和批准，复核内容包括但不限于如下内容：

① 食品添加剂使用的种类、数量（包括复合添加剂内含有的限量物质）依据国家相关法规要求及时备案。

② 特殊用途的饮料还应符合《卫生部关于进一步规范保健食品原料管理的通知》要求。

③ 符合饮料行业新的食品安全要求。

④ 其他禁止性要求。

配料工序应有复核程序，一人投料一人复核、确认，以防止投料种类、顺序和数量有误。溶解后的糖浆应过滤去除杂质，调好的糖浆应在规定的时间内灌装完毕。变质、不合格、剩余的糖浆应从管道和混合器中全部排除。

对本过程关键因子（如时间、温度、pH 值、压力、流速等物理条件）实施控制，确保各工艺按规程进行。半成品的缓存，应提出温度和时间要求并验证所选定的缓存温度和时间能满足产品安全要求。应按照要求操作，因故延缓生产时，对已调配好的半成品应及时做有效处理，防止被污染或腐败变质；恢复生产时，应对其进行检验，不符合标准要求的应予以废弃。调配好后半成品应立即灌装。

（4）杀菌

对杀菌工艺产品，杀菌工艺应经过确认，证实其控制微生物效果符合食品安全要求及约定条件下的保质期要求。

① 宜考虑 GB 12695—2016 关于杀菌的要求，正式投产前应实施杀菌效果确认，保持确认记录。

② GB 12695—2016 未覆盖的和不适宜的品种，应采用适宜的杀菌灭菌工艺，所选择的工艺规程的科学依据及实施有效的记录应保存。

③ 大豆蛋白饮料加工过程中的杀菌强度也应符合大豆胰蛋白酶的灭活强度要求。

杀菌系统的监视测量设备、设施管理：

① 杀菌装置在使用过程中应定期进行能力测定。

② 在新装置使用前或对装置进行改造后应确认杀菌效果。

③ 杀菌的检视测量设备在使用过程中应定期进行校准。

④ 杀菌系统维护保养工作能够保障杀菌效果。

（5）灌装（包装）过程控制

产品灌装（包装）应在专用的灌装（包装）间进行，与其他操作间隔离；灌装（包装）间及其设施应满足不同产品要求。需无菌灌装、低温灌装或常温灌装的，灌装环境温度、湿度、洁净度应符合相关要求。

① 热灌装应设置合理的灌装温度、倒瓶时间并加以控制。

② 无菌罐装应在超高温瞬时杀菌（UHT）达到灭菌温度、灭菌时间、出口温度要求，无菌灌装系统形成后进行。

③ 应控制灌装时料液注入温度、注入量，避免产品出现不安全问题。

④ 产品包装应严密、整齐、无破损。应设专人检查封口的密闭性，封口密闭性检验方法应有效，以剔除密封不严或破损产品。

（6）贮存和运输

需要保温试验的，按照规程完成保温试验；应按照产品特性控制产品储运温度。产品应贮存在干燥、通风良好的场所。不得与有毒、有害、有异味、易挥发、易腐蚀的物品同处贮存。运输产品时应避免日晒、雨淋。不得野蛮装卸，损坏产品。不得与有毒、有害、有异味或影响产品质量的物品混装运输。

（7）产品的标识

饮料生产企业应建立文件化的产品标识程序，并有助于实现产品的追溯。出口产品预包装的标识应符合进口国的要求。应在运输包装物的侧面标注卫生注册编号、批号和生产日期等内容。加贴的合格证应符合我国和进口国规定。国内销售生产企业食品标签应符合 GB 7718—2011 的要求，还应符合《饮料生产许可审查细则（2017 版）》关于标签的相关要求。

特殊用途饮料产品标识应符合保健食品相关标识规定要求，保健食品说明书、标签的印制，应与国家卫生健康委批准的内容相一致，符合 GB 13432—2013《食品安全国家标准 预包装特殊膳食用食品标签》要求。

2.1.3.3.3　产品检测

① 检验能力

饮料企业应有与生产能力相适应的内设检验机构和具备相应资格的检验人员。必备的产品出厂检测设备满足检验项目需求并符合《饮料生产许可审查细则（2017 版）》相关要求，检验仪器的计量应符合 GB/T 22000—2006 中 8.3 要求。实验室所用化学药品、仪器、设备应有合格的采购渠道，对其存放地点、标记标签、使用方法、校准及记录应实施有效管理。

实验室检验人员应接受持续培训以确保其有能力胜任相关检验工作并保留培训记录。受委托的社会实验室应具有相应的资质，具备完成委托检验项目的实际检测能力，终产品食品安全指标应符合相关标准要求。

② 检验要求

实验室应建立与实际工作相符合的文件化的实验室管理程序，包括原辅材料验收标准、产品技术要求、试验方法、检验规则、样品保存方法和保存期限以及对记录的管理等。

2.2　食品安全监控体系（HACCP、GMP 等）及其运行状况

2.2.1　良好操作规范（GMP）

2.2.1.1　GMP 概述

2.2.1.1.1　GMP 的由来和发展

GMP 是从药品生产中获取的经验教训的总结。1969 年美国食品药品监督管理局（FDA）将药品 GMP 的观点引用到食品的生产法规中，制定了《食品生产包装和储藏的现行良好操作规范》，简称 CGMP 或 MP，即食品 GMP 基本法（21CFR Part 110）。CGMP 很快被 FAO（联合国粮食及农业组织）/WHO（世界卫生组织）的国际食品法典委员会（CAC）采纳，后者于 1969 年公布了《食品卫生通则》（CAC/RCP1-1969）并推荐给 CAC 各成员。在 1969 到 1999 年期间，CAC 公布了 41 个各类食品的卫生操作规范供各成员参考应用，从而促进了 GMP 的快速发展。世界上许多国家根据这些 GMP 的要求，相继制订了自己的 GMP，并将其作为食品生产加工企业的质量安全法规实施。到目前为止，世界上已有 100 多个国家和地区实施了 GMP 或准备实施 GMP。

2.2.1.1.2　GMP 的基本内容

从法规体系的角度，GMP 法规包括通用的食品良好操作规范和适用于各种特定食品的加工卫生规范。例如，美国的 21CFR Part 110 适用于一切食品加工生产和储存，21CFR Part 106（婴儿食品）、21CFR Part 113（低酸罐头）等则适用于各类食品；我国的《出口食品生产企业安全卫生要求》是通用要求，在此基础上制定了《出口罐头生产企业注册卫生规范》等 9 个专业卫生规范；国际食品法典委员会（CAC）的《食品卫生通则》是通用要求，同时，CAC 发布了一系列特定食品生产卫生实施准则。

从 GMP 的具体内容看，各成员的 GMP 虽不尽相同，但一般都涉及人员卫生、厂房卫生及维护、卫生设施及设备等。我国《出口食品生产企业安全卫生要求》就规定了生产质量管理人员、环境卫生、车间及设施卫生等要求。

企业建立自身的 GMP 时，必须在广度上至少包括 GMP 的基本内容，在深度上达到 GMP 法规的要求。

2.2.1.2　国内外 GMP 的实施情况

2.2.1.2.1　美国

美国是最早将 GMP 用于食品工业生产的国家。20 世纪 70 年代初期，FDA 制定了《食品生产、包装和储藏的现行良好操作规范》（简称 CGMP 或 MP，21CFR part 110）。在美国食品工业中，21CFR part 110 为基本指导性文件，它对食品生产、加工、包装等都做出了详细的要求和规定，这一法规包括食品加工和处理的各个方面，适用于一切食品的加工生产和储存，一般称该规范为"食品 GMP 基本规范"。

以 21CFR Part 110 为基础，美国 FDA 相继制定了各类食品的操作规范，主要包括：

21CFR Part 106《婴儿食品的营养品质控制规范》；
21CFR Part 113《低酸性罐头食品良好操作规范》；
21CFR Part 114《酸性食品良好操作规范》；
21CFR Part 123《水产品良好操作规范》；
21CFR Part 129《瓶装饮用水的加工与灌装良好操作规范》；
21CFR Part 179《辐射在食品生产、加工、管理中的良好操作规范》。

这些法规（包括 21CFR part 110）根据食品工业及相关技术的发展状况，以及人们对食品安全的认识要求，仍在不断地修改和完善。

2.2.1.2.2　加拿大

加拿大卫生部（HPB）根据《食品和药物法》制定了《食品良好制造法规》（GMRF），规定了加拿大食品加工企业最低健康与安全标准，提出了实施 GMP 的基础计划，并将基础计划定义为一个食品加工企业为在良好的环境条件下加工生产安全卫生的食品所采取的基本控制步骤或程序。实施 GMP 的基础计划包括厂房、运输和储藏、设备、人员、卫生和虫害的控制、回收 6 个方面的内容。

加拿大农业部以 HACCP（危害分析与关键控制点）原理为基础建立了《食品安全促进计划》（FSEP），其内容相当于 GMP 的内容，其目的是作为食品安全控制的预防体系，确保所有加工的农产品以及这些产品的加工条件是安全卫生的。

2.2.1.2.3　欧盟

欧盟对食品生产、进口和投放市场的卫生规范与要求包括以下 6 类：

① 对疾病实施控制的规定；

② 对农药残留、兽药残留实施控制的规定；

③ 对食品生产、投放市场的卫生规定；

④ 对检验实施控制的规定；

⑤ 对第三国食品准入的控制规定；

⑥ 对出口国当局卫生证书的规定。

其中对食品生产、投放市场的卫生规定即属于 GMP 法规的性质，如 91/493/EEC 法令对海产品的生产和销售的卫生条件作出了一般规定；91/492/EEC 法令对活的双壳软体动物的生产和销售作出规定。

2.2.1.2.4 日本

日本制定了 5 项食品卫生 GMP，称为"卫生规范"，这 5 项规范如下：

①《盒饭与饭菜卫生规范》（1979）；

②《酱菜卫生规范》（1980）；

③《糕点卫生规范》（1983）；

④《中央厨房及传销零售餐馆体系卫生规范》（1987）；

⑤《生面食品类卫生规范》（1991）。

日本的卫生规范包括目的和适用范围，定义了设施管理、食品处理、经销人员及从原料到成品全过程的卫生要求等 30 项内容。日本的卫生规范是指导性而非强制性的标准，达不到规范要求不属违法，以终产品是否合格为准。

2.2.1.2.5 我国食品 GMP 的发展状况

随着对外开放和医药经济的发展，我国首先在药品行业引入了 GMP 的概念。之后，为改善食品企业的卫生条件和卫生管理的落后状况，我国开始制定食品企业良好操作规范。

我国原卫生部从 1988 年开始颁布食品 GMP 国家标准，在 1994 年颁布《食品企业通用卫生规范》（GB 14881—1994）（2014 年 6 月 1 日已废止）。在 2009 年《食品安全法》颁布以前，原卫生部颁布了近 20 项各类"卫生规范"或"良好生产规范"。有关主管部门也制定和发布了本行业的"良好生产规范""技术操作规范"等 400 多项生产标准。2010 年以来，原卫生部做了大量工作，陆续废止、修订、新增了一批新的 GMP，并在 2013 年组织修订了《食品安全国家标准　食品生产通用卫生规范》（GB 14881—2013）。

目前，国家 GMP 标准（现行有效或即将生效）如表 2-1 所示，包括 1 个食品 GMP 通用标准和 32 个食品 GMP 专用标准。通用标准 GB 14881—2013 规定了食品企业的食品加工过程、原料采购、运输、贮存、工厂设计与设施的基本卫生要求及管理准则，是各类食品厂制定专业卫生规范的依据。专用标准适用于相应的食品企业。表 2-1 列出了我国各类食品 GMP 的名称及相应标准代号。

另外，原农业部颁布了《水产品加工质量管理规范》（SC/T 3009—1999），规定了水产品加工企业的基本条件、水产品加工卫生控制要点以及以危害分析与关键控制点（HACCP）原则为基础建立质量保证体系的程序与要求。国家环境保护总局（现生态环境部）颁布了《有机食品技术规范》（HJ/T 80—2001），主要规定了有机食品原料生产规范、有机食品加工规范、贮藏和运输规范、包装和标识规范等内容。

表 2-1　我国的现行食品良好操作规范

序号	标准名称	标准号	序号	标准名称	标准号
1	食品安全国家标准　食品生产通用卫生规范	GB 14881—2013	18	食品安全国家标准　食品辐照加工卫生规范	GB 18524—2016
2	食品安全国家标准　罐头食品生产卫生规范	GB 8950—2016	19	食品安全国家标准　熟肉制品生产卫生规范	GB 19303—2023
3	食品安全国家标准　蒸馏酒及其配制酒生产卫生规范	GB 8951—2016	20	食品安全国家标准　包装饮用水生产卫生规范	GB 19304—2018
4	食品安全国家标准　啤酒生产卫生规范	GB 8952—2016	21	食品安全国家标准　水产制品生产卫生规范	GB 20941—2016
5	食品安全国家标准　酱油生产卫生规范	GB 8953—2018	22	食品安全国家标准　蛋与蛋制品生产卫生规范	GB 21710—2016
6	食品安全国家标准　食醋生产卫生规范	GB 8954—2016	23	食品安全国家标准　原粮储运卫生规范	GB 22508—2016
7	食品安全国家标准　食用植物油及其制品生产卫生规范	GB 8955—2016	24	食品安全国家标准　婴幼儿配方食品良好生产规范	GB 23790—2023
8	食品安全国家标准　蜜饯生产卫生规范	GB 8956—2016	25	食品安全国家标准　特殊医学用途配方食品良好生产规范	GB 29923—2023
9	食品安全国家标准　糕点、面包卫生规范	GB 8957—2016	26	食品安全国家标准　食品接触材料及制品生产通用卫生规范	GB 31603—2015
10	食品安全国家标准　乳制品良好生产规范	GB 12693—2023	27	食品安全国家标准　食品经营过程卫生规范	GB 31621—2014
11	食品安全国家标准　畜禽屠宰加工卫生规范	GB 12694—2016	28	食品安全国家标准　航空食品卫生规范	GB 31641—2016
12	食品安全国家标准　饮料生产卫生规范	GB 12695—2016	29	食品安全国家标准　原粮储运卫生规范	GB 22508—2016
13	食品安全国家标准　发酵酒及其配制酒生产卫生规范	GB 12696—2016	30	食品安全国家标准　速冻食品生产和经营卫生规范	GB 31646—2018
14	食品安全国家标准　谷物加工卫生规范	GB 13122—2016	31	食品安全国家标准　餐饮服务通用卫生规范	GB 31654—2021
15	食品安全国家标准　糖果巧克力生产卫生规范	GB 17403—2016	32	食品安全国家标准　即食鲜切果蔬加工卫生规范	GB 31652—2021
16	食品安全国家标准　膨化食品生产卫生规范	GB 17404—2016	33	食品安全国家标准　餐(饮)具集中消毒卫生规范	GB 31651—2021
17	保健食品良好生产规范	GB 17405—1998			

　　2017 年 10 月，国家质量监督检验检疫总局公布了《出口食品生产企业备案管理规定》。

　　除通用要求外，还有各类出口食品的卫生规范，如 GB/Z 21722—2008《出口茶叶质量安全控制规范》、GB/Z 21702—2008《出口水产品质量安全控制规范》、GB/Z 21724—2008《出口蔬菜质量安全控制规范》、GB/Z 21701—2008《出口禽肉及制品质量安全控制规范》、GB/Z 21700—2008《出口鳗鱼制品质量安全控制规范》等。另外，还有一些进出口行业标准或地方标准，如 SN/T 2907—2011《出口速冻食品质量安全控制规范》、SN/T 2633—2010《出口坚果与籽仁质量安全控制规范》、SN/T 3254—2012《出口调味品质量安全控制规范》、SN/T 4255—2015《出口蘑菇罐头质量安全控制规范》、SN/T 3259—2012《出口油脂质量安全控制规范》、SN/T 2905—2011《出口粮谷质量安全控制规范》、DB21/T 2624—2016《出口板栗区域化基地质量安全控制规范》。以上共同构成了我国出口食品的 GMP 体系。

2.2.1.3　食品良好操作规范的认证

2.2.1.3.1　食品 GMP 的认证程序

食品 GMP 认证工作程序包括申请、资料审查、现场评审、产品检验、确认、签约、授证、追踪管理等步骤。

（1）申请

食品企业申请食品 GMP 认证，应向食品 GMP 现场评审小组提交申请书。申请书包括产品类别、名称、成分规格等。

同时，还应向认证执行机构提交各种专门技术人员的学历证件与相关培训结业证书复印件，以及申请认证产品有关专则所规定的各类标准书，标准书主要包括以下内容：

① 质量管理标准书，包括质量管理机构的组成和职责、原材料的规格和质量验收标准、过程质量管理标准书和控制图等；

② 制造作业标准书，包括产品加工流程图、作业标准、机械操作及维护制度等；

③ 卫生管理标准书，包括环境卫生管理标准、人员卫生管理标准、厂房设施卫生管理标准、机械设备卫生管理标准、清洁和消毒用品管理标准。

（2）资料审查

认证执行机构应于接受申请日起两星期内审查完毕，并将资料审查结果通知申请企业。审查未通过者，认证执行机构应以书面形式通知申请企业补正或驳回。审查通过者，由认证执行机构报请推行委员会安排现场评审作业。

（3）现场评审

现场评审小组由主管部门相关领导、食品 GMP 认证执行机构代表和行业专家共同组成。现场评审主要从两方面对企业进行考查：企业与 GMP 有关的书面作业程序、标准、生产报表、记录报告等书面资料和企业 GMP 的实施状况。现场评审结束后，由现场评审小组行文告知评审结果，并告知认证执行机构。

现场评审通过者，当天由认证执行机构进行产品抽样。现场评审未通过者，申请企业应在改善后提交改善报告书，方可申请复核，如超过 6 个月未申请复核者，应重新办理资料审查。复核仍未通过者，申请企业于驳回通知发出当日起 3 个月后，重新提出申请，且应备案，由资料审查重新办理。

（4）产品检验

由认证执行机构人员到企业进行抽样检验。各类产品的检验项目由食品 GMP 技术委员会拟定。取样数量以申请认证产品每单位包装净重为依据，200kg 以下者抽 10 件，201～500kg 抽 7 件，超过 500kg 抽 5 件。

抽样检验未通过者，由认证执行机构以书面形式通知改善，申请厂商应于改善后提出改善报告书，经认证执行机构确认改善完成后，方可申请复查检验，复查检验以 1 次为限。复查检验未通过者，从申请驳回通知 3 个月后才可重新申请，且应从资料审查重新办理。

申请新增产品认证时，应备齐相关资料报请认证执行机构办理资料审查及产品检验。

（5）确认

申请认证企业通过现场评审及产品检验，并将认证产品的包装标签样稿送请认证执行机构核备后，由认证执行机构编定认证产品编号，并附相关资料报请推行委员会确认。认证执行机构应将推行委员会确认结果告知推广倡导执行机构及申请认证企业。

（6）签约

推广倡导执行机构于接获推行委员会通知申请新增认证企业通过确认函后 3 天内，函请申请认证企业于 1 个月内办妥认证合约书签约，企业逾期视同放弃认证资格。

食品 GMP 认证企业申请新增产品认证，应向认证执行机构申办，经产品检验合格及确认产品标签后，通知推广倡导执行机构办理签约手续，推广倡导执行机构接到通知的 3 天内，函请申请认证企业于 1 个月内办妥认证合约书签约，企业逾期视同放弃认证资格。

（7）授证

申请食品 GMP 认证工厂在完成签约手续后，由推广倡导执行机构代理推行委员会核发"食品 GMP 认证书"。

（8）追踪管理

认证企业应于签约日起，依据"食品 GMP 追踪管理要点"接受认证执行机构的追踪查验。依认证企业的追踪查验结果，按食品 GMP 推行方案及本规章的相关规定，对表现优秀者给予适当的鼓励，对严重违规者，则取消认证。

2.2.1.3.2　食品 GMP 认证标志

食品 GMP 认证的编号是由 9 位数字组成，1～2 位代表认证产品的产品类别，3～5 位代表认证企业序号，后 4 位为产品序号，代表认证产品的序号。凡通过食品 GMP 认证之产品，皆会赋予唯一的食品 GMP 认证编号，并将编号放置于微笑标章内，申请企业可将获得的食品 GMP 微笑标章放置在取得食品 GMP 认证的产品标签上，让消费者作为识别认证的依据。

2.2.2　食品安全控制体系（HACCP）

2.2.2.1　HACCP 概述

2.2.2.1.1　HACCP 体系的起源与发展

美国皮尔斯伯利（Pillsbury）公司与美国国家航空航天局（NASA），以及美国陆军纳蒂克（Natick）实验室于 1959 年最早提出 HACCP 体系，他们在联合开发航天食品时形成了 HACCP 食品安全管理体系。

1971 年，皮尔斯伯利公司在美国第一次国家食品安全保护会议上提出了 HACCP 管理概念。FDA 于 1974 年公布了将 HACCP 原理引入低酸性罐头食品的 GMP。美国食品微生物学基准咨询委员会（NACMCF）于 1992 年采纳了 HACCP 七原则，并把标准化的 HACCP 原理应用到食品工业和立法机构上。

1991 年，美国食品安全检验局（FSIS）提出了《HACCP 评价程序》。1993 年，FAO/WHO 的国际食品法典委员会批准了《HACCP 体系应用准则》。1994 年，FSIS 公布了《冷冻食品 HACCP 一般规则》。1995 年 FDA 颁布实施了《水产品管理条例》（21 CFR 123），并且对进口美国的水产品企业强制要求实施 HACCP 体系，否则其产品不能进入美国市场。1997 年 FAO/WHO 下的 CAC 颁发了新版法典指南《HACCP 体系及其应用准则》，该指南已被广泛地接受并得到了国际上的普遍采纳，HACCP 概念已被认可为世界范围内生产安全食品的准则。

1998 年美国农业部建立了肉和家禽生产企业的 HACCP 体系（21CFR 304，417），并要求从 1999 年 1 月起应用 HACCP，小的企业放宽至 2000 年。2001 年 FDA 建立了 HACCP（果汁）的指南，该指南已于 2002 年在大、中型企业生效，并于 2003 年对小企业生效，对特别小的企业延迟至 2004 年。

HACCP 体系在美国的成功应用和发展，特别是对进口食品的 HACCP 体系要求，对国际食品工业产生了深远的影响。各国纷纷开始实施 HACCP 体系。目前对 HACCP 体系接受和推广较好的国家有：加拿大、英国、法国等，这些国家大部分颁布了相应的法规，强制推行采用 HACCP 体系。

2.2.2.1.2　实施 HACCP 体系的意义

HACCP 体系是涉及食品安全的所有方面（从原材料、种植、收获和购买到最终产品使用）的一种体系化方法，使用 HACCP 体系可将一个公司食品安全控制方法从滞后型的最终产品检验方法转变为预防型的质量保证方法。HACCP 体系提供了对食品引起的危害的控制方法，正确应用 HACCP 体系研究，能鉴别出所有现今能想到的危害，包括那些实际预见到可发生的危害；使用 HACCP 体系这样的预防性方法可降低产品损耗，HACCP 体系是对其他质量管理体系的补充。

总之，实施 HACCP 体系可以防患于未然，对可能发生的问题便于采取预防措施；可以根据实际情况采取简单、直观、可操作性强的检验方法，如对外观、温度和时间等进行控制。与传统的理化、微生物检验相比，HACCP 具有实用性强、成本低等特点；HACCP 体系可减少不合格品的产出，最大限度地减少了产品损耗。HACCP 体系的实施要求全员参与，有利于生产厂家食品安全卫生保障意识的提高。

2.2.2.1.3　HACCP 体系的特点

① HACCP 体系是预防型的食品安全控制体系，要对所有潜在的生物的、物理的、化学的危害进行分析，确定预防措施，防止危害发生。

② HACCP 体系强调关键控制点的控制，在对所有潜在的生物的、物理的、化学的危害进行分析的基础上来确定哪些是显著危害，找出关键控制点，在食品生产中将精力集中在解决关键问题上，而不是面面俱到。

③ HACCP 体系是根据不同食品加工过程来确定的，要反映出某一种食品从原材料到成品、从加工场地到加工设施、从加工人员到消费者方式等各方面的特性，其原则是具体问题具体分析、实事求是。

④ HACCP 体系不是一个孤立的体系，而是建立在企业良好的食品卫生管理传统的基础上的管理体系，如 GMP、SSOP 等都是 HACCP 体系实施的基础。

⑤ HACCP 体系是一个基于科学分析建立的体系，需要强有力的技术支持，当然也可以吸收和利用他人的科学研究成果，但最重要的还是企业根据自身情况所做的实验和数据分析。

⑥ HACCP 体系不是一种僵硬的、一成不变的模式，而是与实际工作密切相关的发展变化的体系。

⑦ HACCP 体系是一个实践-认识-再实践-再认识的过程。企业在制订 HACCP 体系计划后，要积极推行，认真实施，不断对其有效性进行验证，在实践中加以完善和提高。

⑧ HACCP 体系并不是没有风险，只是能够减少或者降低食品安全中的风险。

2.2.2.2　HACCP 七项基本原理

2.2.2.2.1　原理 1：进行危害分析并建立预防措施

2.2.2.2.1.1　危害及其分类

危害是指导致食品不安全消费的生物、化学和物理性的因素。食品中的危害的分类如

图 2-1 所示。

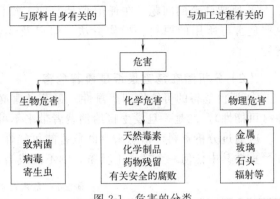

图 2-1　危害的分类

（1）生物危害

生物危害主要指生物（尤指微生物）本身及其代谢过程、代谢产物（如毒素）对食品原料、加工过程、储运、销售直到使用中的污染，危害人体健康。按生物的种类来分有以下几种危害：病原性微生物（如沙门菌）、病毒（如牛海绵状脑病病毒）、寄生虫（如裂头绦虫）。

（2）化学危害

化学危害是指有毒的化学物质污染食物而引起的危害，包括常见的食物中毒。

化学危害按来源不同主要有以下几种。

① 来自植物、动物和微生物的天然存在的化学物质。如霉菌毒素（如黄曲霉毒素）、鱼肉毒素、蕈类毒素、贝类毒素。

② 有意加入的化学物质。如防腐剂、营养强化剂、色素等。

③ 食品添加剂的超量。如防腐剂的超量、营养强化剂的超量、色素的超量。

④ 无意或偶然加入的化学品。如农业养殖或种植所用化学物质（农药、化肥、激素、兽药）、有毒元素和化合物（铅、砷、氰化物等）、清洁用药品（酸、腐蚀性物质）、设备用润滑剂、包装物（增塑剂、甲醇、苯乙烯等）。

⑤ 其他。食品包装材料、容器与设备，如塑料、橡胶、涂料及其他材料带来的危害；食品中的放射性污染，包括各种放射性同位素污染等；N-亚硝基化合物、多环芳烃化合物等。

（3）物理危害

物理危害指在食品中意外出现的、可导致伤害的异物，如碎玻璃、木料、石块、金属、骨头、塑料等。

物理危害的主要来源包括：植物收获过程中掺进玻璃、铁丝、铁钉、石头等；水产品捕捞过程中掺杂鱼钩、铅块等；食品加工设备上脱落的金属碎片、灯具及玻璃容器破碎造成的玻璃碎片等；畜禽在饲养过程中误食铁丝，畜禽肉和鱼剔骨时遗留的骨头碎片或鱼刺。

2.2.2.2.1.2　危害分析

危害分析：通过分析某一产品或某一加工过程存在哪些危害，是否是显著危害，同时描述预防控制措施。

显著危害：极有可能发生，如不加控制有可能导致消费者不可接受的健康或安全风险的危害。HACCP 体系只把重点放在控制显著危害上。

（1）识别危害的方法

对流程图中的每一步骤进行分析，确定在这一步骤的操作引入的或可能增加的生物的、化学的或物理的潜在危害。

① 利用参考资料　HACCP 小组成员来自企业不同部门，其本身所具有的各种学科方面的经验和知识就是重要的参考资料和知识资源。

② 通过广泛讨论进行危害分析　开展广泛的讨论，了解生产流程图上每一加工步骤中可能产生的危害并找出导致这些危害的原因。

③ 需要注意的问题　在任何食品的加工操作过程中都不可避免地存在一些具体危害，这些危害与所用的原料、操作方法、储存及经营有关。因此，危害分析需针对实际情况进行。

（2）分析潜在危害是否是显著危害

① 评价危害的可能性和严重性　显著危害必须具备的两个基本特征：一是极有可能发生（可能性），二是一旦发生将给消费者带来不可接受的健康风险（严重性）。

应通过分析资料、信息来判断危害的可能性（表 2-2）和严重性（表 2-3）。如果可能性和严重性其中任何一个特征不具备，则不能成为显著危害。

表 2-2　危害可能性评级表

等级	可能性	描述
A	频繁	经常发生,消费者持续接触或食用,发生概率 50%
B	经常	发生几次,消费者经常接触或食用,发生概率 15%～50%
C	偶尔	将会发生,零星发生,发生概率 5%～15%
D	很少	可能发生,很少发生在消费者身上,发生概率 1%～5%
E	不可能	极少发生在消费者身上,发生概率 1%以下

表 2-3　危害严重性评级表

等级	严重性	描述
I	灾难性	食品污染导致消费者死亡
II	严重	食品污染导致消费者严重疾病
III	中度	食品污染导致消费者轻微疾病
IV	可忽略	食品污染对消费者产生的危害极其轻微

② 按照风险评估表对风险进行评级　可采用风险评估及风险分类表（表 2-4），对已识别的危害进行分类，确定风险的性质，然后将危害按照风险评估风险分类表进行分析，从而确定组织需要控制的危害。

表 2-4　风险评估及风险分类表

严重性		可能性				
		频繁	经常	偶尔	很少	不可能
		A	B	C	D	E
灾难性	I	极高风险		6	8	12
		1	2			
严重性	II	3	高风险		11	15
			4	7		
中度	III	5	中等		低风险	
			9	10	14	16
可忽略	IV	13	17	18	19	20

注：灰度相同，风险等级相同；数字越小，风险越高。极高风险、某些高风险采用 HACCP 计划的 CCP 控制；中等风险采用 SSOP 控制，或采取几种控制措施的组合；低风险采用 GPM 控制。

食品危害的识别和分析一般由食品企业的 HACCP 体系负责小组来完成，也可聘请技术专家指导完成。

③ 注意　显著危害是可变的。不同的产品、不同的加工条件或同一种产品不同的加工条件其显著危害可能不同。某一种显著危害在必要加工过程或其条件改变时，其显著性可能发生变化。而不同的产品不同的加工过程，其显著危害可能不同。

HACCP 是食品安全危害的预防性控制体系，其主要任务是找出加工过程中存在的潜在危害，制定并实施预防控制措施，阻止潜在的食品危害向现实转变，并将其永远控制为潜在危害。

2.2.2.2.1.3 建立预防措施

预防措施：用来防止、消除食品安全危害或使其降低到可接受水平所采取的任何行为和活动。

（1） 3 种危害的预防措施

3 种危害的预防措施如表 2-5 所示。

表 2-5　3 种危害的预防措施

项目		措施
生物危害	有害细菌	①时间/温度控制：加热和蒸煮过程(杀死病原体)；冷却和冷冻(延缓病原体的生长) ②发酵和/或 pH 值控制(发酵产生乳酸的细菌抑制一些病原体的生长) ③盐或其他防腐剂的添加(盐和其他防腐剂抑制一些病原体的生长) ④干燥(干燥可除去食品的水分从而抑制致病菌的生长) ⑤来源控制(可以通过从非污染区域取得原料来控制)
	病毒	①原料来源控制：如对动物原料进行严格的宰前和宰后检验 ②生产过程控制：如严格执行卫生标准操作规程,确保加工人员的健康和各个环节的消毒效果 ③不同清洁区要求的区域严格隔离 ④对食品原料进行有效的消毒
	寄生虫	原料控制(如检疫)、动物饮食控制、环境控制、失活、人工剔除、加热、干燥、冷冻
化学危害		①来源控制(如产地证明和原料检测) ②生产控制(如食品添加剂合理的使用) ③标识控制(如成品合理标出配料和已知过敏物质)
物理危害		①来源控制(如销售证明和原料检测) ②生产控制(如磁铁、金属探测器、筛网、分选机、澄清器、空气干燥机、X 射线设备的使用)

（2）建立预防措施的原则

生产中有许多预防措施，正确选择预防措施是十分有益的，一个好的预防措施有 4 项标准：有效、简易、及时、一致。

① 有效　预防措施必须能有效控制潜在的显著危害。

② 简易　在生产过程中简单易行，便于监控。

③ 及时　能及时了解监控效果，减少损失。

④ 一致　对全部控制的产品有同等效果，避免造成部分产品失控。

在实际生产中对同一显著危害可以有多种预防控制措施，哪一种措施满足以上 4 项标准程度越高，其实用性就越强。要注意两点：①同一种潜在的显著危害在多个工序存在时，尽量采用一种预防控制措施，在能控制危害的最后工序一次性控制；②尽可能采用同一种预防控制措施来控制多种危害。总之，正确选择预防控制措施有助于关键控制点的正确确定。

2.2.2.2.2 原理 2：建立关键控制点

（1）关键控制点

关键控制点 （CCP）：食品加工过程中能预防、消除安全危害或使其减少到可接受水平的一点、步骤或过程。

关键控制点是 HACCP 控制活动将要发生过程中的点。通常，关键控制点分 3 类：

① 一类关键控制点（CCP1） 当危害能被预防时，这些点可以被认为是关键控制点。

② 二类关键控制点（CCP2） 能将危害消除的点可以确定为关键控制点。

③ 三类关键控制点（CCP3） 能将危害降低到可接受水平的点可以确定为关键控制点。

（2）控制点与关键控制点的关系

控制点（CP）是食品加工过程中，能控制生物的、物理的或化学因素的任何一点、步骤或工序。

在加工过程中，不被定位成关键控制点的许多点都是控制点，因为每一个控制点都需要控制。两者的区别是关键控制点控制显著危害，控制点控制关键控制点以外的其他因素。而两者之间的关系是关键控制点肯定是控制点，控制点并不都是关键控制点。

（3）关键控制点与显著危害的关系

关键控制点的控制对象必须是显著危害，显著危害必须通过 CCP 控制。但存在显著危害的工序不一定是关键控制点。关键控制点必须设置在最有效最易控制的步骤。在实际控制中往往存在一个关键控制点可以控制多个危害的情形，如加热可以破坏致病菌、寄生虫和杀死病毒。反之有些是一种危害需要多个关键控制点控制，如需要在原料收购、解冻和杀菌等3 个加工步骤来控制组胺的形成，这 3 个都是关键控制点。根据加工产品的不同，有时一个控制点可以控制多个显著危害，有时许多个关键控制点控制一个显著危害。

（4）关键控制点可随产品加工过程的不同而变化

关键控制点与企业的工厂布局和产品配方，以及加工过程、仪器设备、原料来源、卫生控制和其他的支持性文件均有关系，其中任何一项条件的改变都可能导致关键控制点的改变。因此不同产品的 CCP 不同，同一产品不同生产线的 CCP 也可能不同，同一产品同一生产线其他条件如原材料、配方等改变时，关键控制点也可能改变。

（5）如何确定 CCP

实践证明，CCP 判断树是正确设置 CCP 非常有用的工具（图 2-2）。在判断树中包括了加工过程中的每一种危害，并针对每一种危害设计了一系列逻辑问题。只要 HACCP 小组按顺序回答判断树中的问题，便能决定某一步骤是否是 CCP。

关于判断树的报道有许多，虽然使用的文字不同，但都阐明了确定 CCP 所用方法的原理是一致的。判断树由 5 个问题组成，见图 2-2。

Q1：对于已确定的显著危害，是否有相应的预防措施？

如果已采取了预防措施，那么应该直接进入问题 2。然而，如果回答没有或无法采取预防措施时，则进入 Q1（a）。

Q1（a）：该步骤对确保食品安全是否必需？

如果没有必要，那么这点就不是 CCP，应该根据判断树考虑另一个危害。

如果 HACCP 小组成员确定在这一步骤中存在某一危害，但在这一步或后道工序中都无法采取任何预防措施，那么就必须改进这一步骤或整个生产工艺乃至产品本身，使控制措施具有可操作性，以便于确保产品的安全。如果需要对工艺或产品进行某些改进，那么就应该根据判断树，从 Q1 开始考虑。

需要说明的是：如果某一危害可以在后道工艺中得到控制，那么就没有必要在这一步控制它，应该确定后道工艺中的哪一步为 CCP。

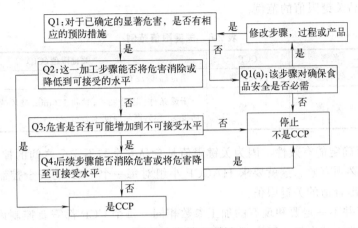

图 2-2　CCP 判断树

Q2：这一加工步骤能否将危害消除或降低到可接受的水平？

如果对 Q2 的回答是肯定的，该加工步骤就是一个 CCP。然后再一次按照判断树重新开始对下一道工序或危害进行分析；如果对 Q2 的回答是否定的，进入 Q3。

Q3：危害是否有可能增加到不可接受水平？

虽然从危害分析得到的答案是很明显的，但是还必须确保已全面考虑了下述问题。

① 直接环境中是否存在危害？

② 生产人员之间是否会产生交叉污染？

③ 其他产品或原料之间是否存在交叉污染？

④ 混合物放置的时间过长或温度过高是否会增加危险性？

⑤ 如果产品堆积于生产设备的死角是否会增加危险？

⑥ 这一步骤是否存在其他因素或条件可能会导致危害，并有可能使危害增加到不可接受的水平？

如果某一因素有可能增加食品的不安全性（有发展成危害的倾向），HACCP 小组在对其做出决定之前应广泛听取专家们的意见。如果研究的是一项新工艺，就可能得不到明确的答案，这时 HACCP 小组通常假设答案为"是"，从而将研究继续进行下去。

如果对 Q3 的回答是肯定的，那么进入 Q4；如果回答是否定的，那么就开始对下一个危害或工序进行分析。

Q4：后续步骤能否消除危害或将危害降至可接受水平？

如果对 Q4 的回答为"是"，那么所讨论的步骤不是 CCP，后续步骤将成为 CCP。如果对 Q4 的回答为"否"，那么这一步骤就是所讨论危害的 CCP。

虽然通过 Q4 可使 CCP 的总数减少，但它不一定适合所有的情况。

2.2.2.2.3　原理 3：建立关键限值（CL）

确定了 CCP 之后，下一步就是决定如何控制了。首先必须建立控制 CCP 的指标，然后，对这些指标进行控制，使其在一定范围之内，这样便能保证生产出安全的产品。

（1）关键限值

① 关键限值的定义　关键限值是指 CCP 的绝对允许极限，即用来区分安全与不安全的

分界点。只要将所有的 CCP 都控制在这个特定的关键限值内，产品的安全就有了保证。表 2-6 为某些食品关键限值的范例。

表 2-6　关键限值范例

食品名称	危害	CCP	关键限值(CL)
牛乳	致病菌	巴氏消毒	消毒温度 72℃，时间 15s
饼干	致病菌	干燥	干燥条件：温度 93℃；时间 120min；鼓风速度 2m³/min；水分活度≤0.85；产品厚度 1.2cm

② 关键限值确定的有效性　因为关键限值是食品安全与不安全之间的控制界限，所以，确定的关键限值必须有效。这就要求 HACCP 小组对每一个 CCP 的安全控制标准有充分的理解，从而制定出合适的关键限值。

③ 关键限值并不一定要和现有的加工参数相同　每个 CCP 都需要控制许多不同的因素以保障产品安全性，其中每个因素都有相应的关键限值。

④ 确定关键限制的原则　确定关键限值，应注重 3 项原则：有效、简洁和经济。有效是指在此限制内，显著危害能够被预防、消除或降低到可接受水平；简洁是指易于操作，可在生产线不停顿的情况下快速监控；经济是指较少的人力财力投入。

表 2-7 是一个关键限值的例子，由表 2-7 看出，最佳的关键限值选择是：油炸温度、油炸时间和油饼厚度。

表 2-7　油炸鸡饼选择关键限值的范例

方案	关键限值 CL	效果
1	致病菌不得检出	因微生物检验费时，故 CL 值不能及时监控；另外，微生物检验不敏感，需大量样品检测，结果方有意义
2	最低内部温度 66℃；油炸时间最少 1min	比方案 1 灵敏、实用，但也存在着难以连续进行监控的缺陷
3	油温最低 170℃，油炸时间最少 1min，饼最大厚度 0.635cm	确保了鸡饼杀灭病菌的最低中心温度和维持时间，同时油温和时间能得到连续监控。显然，方案 3 是最快速、准确和方便的，是最佳的 CL 选择方案

⑤ 确定关键限值的信息来源　作为 HACCP 小组成员，应具有关于危害及其在加工中的控制机理等方面的知识，对食品安全界限有深刻的理解。然而，在许多情况下这些要求超出了公司内部专家的知识水平，因此，就需要从外界获取信息。可能的信息资源如下：

公布的数据——科学文献中公布的数据，公司和供应商的记录，工业和法规指南（如食品法典、FDA）。

专家建议——来自咨询机构、研究机构、工厂和设备生产商、化学清洁剂供应商、微生物专家、病理专家和生产工程师等。

实验数据——可能用于证实有关微生物危害的关键限值。实验数据来源于对产品被污染过程的研究或有关产品及其成分的特别微生物检验。

数学模型——通过计算机模拟危害微生物在食品体系中的生存和繁殖特性。

（2）操作限值 OL

关键限值表示为食品安全而不能超过的标准。

操作限值——比关键限值更严格的限值，是操作人员为降低偏离关键限值风险而在作业过程中控制的操作标准。

加工调整——是为回到操作限值内采取的措施。

（3）纠偏行动

当出现偏离关键限值时，必须使生产重新受控，采取的措施称为纠偏行动。

2.2.2.2.4　原理 4：建立合适的监控程序

监控：是实施一个有计划的连续观察和测量，以评估一个关键控制点（CCP）是否受控，并为验证提供准确记录的过程。

（1）监控的目的

监控的目的主要有以下 3 个方面：①跟踪加工过程中的各项操作，及时发现可能偏离关键限值的趋势并迅速采取措施进行调整；②查明何时失控（查看监控记录，找出最后符合关键限值的时间）；③提供加工控制系统的书面文件。

（2）监控程序的内容

监控程序通常应包括以下 4 项内容：监控对象、监控方法和设备、监控频率和监控人员。

① 监控对象　监控对象也就是监控什么，通常是对加工过程特性的观察和测量，确定其是否在关键限值内操作。

② 监控方法和设备　对每个 CCP 的具体监控过程取决于关键限值以及监控设备和监测方法。这里介绍两种基本监控方法：

a. 在线检测系统，即在加工过程中测量各临界因素，它可以是连续系统，将加工过程中各临界数据连续记录下来；它也可以是间歇系统，在加工过程中每隔一定时间进行观察和记录。

b. 终端检测系统，即不在生产过程中而是在其他地方抽样测定各临界因素。终端检测一般是不连续的，所抽取的样品有可能不能完全代表整个一批产品的实际情况。

最好的监控过程是连续在线检测系统，它能及时检测加工过程中 CCP 的状态，防止 CCP 发生失控现象。

监控方法必须能迅速提供结果。较好的监控方法是物理和化学测量方法，因为这些方法能很快地进行试验，如酸碱度（pH）、水分活度（A_w）、时间、温度等参数的测量。

③ 监控频率　监控的频率取决于 CCP 的性质以及监控过程的类型。HACCP 小组为每个监控过程确定合适的频率是非常重要的。

监控可以是连续的或非连续的，如果可能应采用连续监控。

当不可能连续监控一个 CCP 时，常常需要缩短监控的时间间隔，以便于及时发现关键限值和操作限值的偏离情况。非连续性监控的频率常常根据生产和加工的经验和知识确定，可以从以下几方面考虑正确的监控频率：a. 监控参数的变化程度，如果变化较大，应提高监控频率；b. 监控参数的正常值与关键限值相差多少，如果两者很接近，应提高监控频率；c. 如果超过关键限值，企业能承担多少产品作废的危险，如果要减少损失，必须提高监控频率。

④ 监控人员　明确监控责任是保证 HACCP 计划成功实施的重要手段。进行 CCP 监控的人员可以是：流水线上的人员、设备操作者、监督员、维修人员、质量保证人员。

负责监控 CCP 的人员必须具备一定的知识和能力，接受有关 CCP 监控技术的培训，充分理解 CCP 监控的重要性，能及时进行监控活动，准确报告每次监控结果，及时报告违反关键限值的情况，以保证纠偏措施的及时性。

监控人员的任务是随时报告所有不正常的突发事件和违反关键限值的情况，以便校正和合理地实施纠偏措施，所有与 CCP 监控有关的记录和文件必须由实施监控的人员签字或签名。

2.2.2.2.5　原理5：建立纠偏行动程序

纠偏行动：当发生偏离或不符合关键限值时采取的步骤。

根据 HACCP 的原理与要求，当监测结果表明某一 CCP 发生偏离关键限值时，必须立即采取纠偏措施。

纠偏措施通常有两种类型，即阻止偏离和纠正偏离的措施。

（1）阻止偏离的措施

调整加工过程以维持控制，防止在 CCP 发生偏离的措施即为阻止偏离的措施。需要经常调整以维持控制的因素包括温度、时间、pH、配料浓度、流动速率、消毒剂浓度。

（2）纠正偏离的措施

① 纠偏行动的内容　当监控表明某一 CCP 发生偏离关键限值时，必须立即采取纠偏措施。纠偏措施包括两个方面的内容：a. 纠正和消除偏离的原因，确保关键控制点重新回到控制下；b. 确定、隔离和评估偏离期间的产品，并确定这些产品的处理方法。

通过以下 4 个步骤对这些产品进行处置：

第一步，根据专家的评估和物理、化学及微生物的检测结果，确定这些产品是否存在危害。

第二步，如果第一步评估为基础不存在危害，产品可被通过。

第三步，经评估确定存在潜在危害时，再确定这些产品能否重新加工、返工，或转为安全食品。

第四步，如果潜在的有危害的产品不能像第三步那样被处理，产品必须被销毁。这通常是最昂贵的选择，并且通常被认为是最后的处理方式。

② 纠偏行动记录　所有采取的纠偏行动都应该加以记录，记录帮助公司确认再发生同样的问题时，HACCP 计划可被修改。纠偏行动记录应该包含以下内容：

a. 产品确认（如产品描述，持有产品的数量）；

b. 偏离的描述；

c. 采取的纠偏行动，包括受影响产品的最终处理；

d. 采取纠偏行动的负责人的姓名和完成日期；

e. 必要时要有评估的结果。

（3）纠偏行动描述形式

纠偏行动通常采用"1f（描述出现的问题）/then（叙述采取的纠正措施）"的描述形式。

（4）纠偏行动的要求

纠偏行动要求专人负责，负责编写和实施纠偏行动的人员必须要对产品加工过程和 HACCP 计划有全面的理解，并被授权能够对纠偏行动做出决定。

2.2.2.2.6　原理6：建立验证程序

验证：除了监控方法以外，用来确定 HACCP 体系是否按照 HACCP 计划运行或者 HACCP 计划是否需要修改和重新确认生效使用的方法、程序、检测及审核手段。

验证的目的是通过严谨、科学、系统的方法确认 HACCP 计划是否有效（即 HACCP 计划中所采取的各项措施能否控制加工过程及产品中的潜在危害），是否被正确执行（因为有效的措施必须通过正确的实施过程才能发挥作用）。

利用验证程序不仅能确定 HACCP 体系是否按预定计划运作，还能确定 HACCP 计划是否需要修改和再确认。

验证活动包括 4 个方面的内容：①确认；②CCP 验证；③HACCP 体系的验证；④执法机构的验证。

（1）确认

确认：获取能表明 HACCP 计划诸要素行之有效的证据。

确认的目的：是提供客观的证据，这些证据能够表明 HACCP 计划的所有要素（危害分析、CCP 确定、CL 建立、监控程序、纠偏措施、记录等）都有科学的基础，从而有根据地证实只要有效实施 HACCP 计划，就可控制能影响食品安全的潜在危害。

确认活动包括以下 4 个方面：

① 确认什么　确认的内容是 HACCP 计划的各个组成部分，由危害分析开始到最后的 CCP 验证对策做出科学和技术上的复查。

② 怎样确认　确认方法是运用科学原理和数据，借助专家意见以进行生产观察和检测等手段，对 HACCP 计划制定的步骤，逐项进行技术上的认可。

③ 谁来确认　确认是技术性很强的工作，因此应该由 HACCP 小组内受过培训或经验丰富、有较高技术水平的人员来完成。

④ 何时确认　HACCP 计划制订后开始实施前要确认，以保证 HACCP 计划科学有效。

（2）CCP 验证

为保证所有控制措施的有效性以及 HACCP 计划的实际实施过程与 HACCP 计划的一致性，必须对 CCP 制定相应的验证程序。CCP 验证包括以下 4 个方面的内容。

① 监控设备的校准　CCP 验证首先要对监控设备进行校准。

② 校准记录的复查　校准记录的复查内容涉及校准日期、校准方法以及校准结果。

③ 针对性的取样检测　CCP 验证也包括针对性的取样检测。

④ CCP 记录的复查　每一个 CCP 至少有两种记录类型，即监控记录和纠偏行动记录。

（3）HACCP 体系的验证

HACCP 体系的验证就是检查 HACCP 计划所规定的各种控制措施是否被有效贯彻执行。验证的目的是确定企业 HACCP 体系的符合性和有效性。

审核是收集验证所需信息的一种有组织的过程，它对验证对象进行系统的评价，此评价包括现场的观察和记录复查。审核 HACCP 体系的验证活动包括以下内容：

① HACCP 计划有效运行的验证活动审核　内容主要包括：检查产品说明和生产流程图的准确性；检查 CCP 是否按 HACCP 计划要求被监控；检查工艺过程是否在既定的关键限值内操作；检查记录是否准确地按要求的时间间隔来完成。

② 记录复查的审核　记录复查的审核内容包括：监控活动在 HACCP 计划规定的位置执行；监控活动按 HACCP 计划规定频率执行；当监控表明发生了偏离关键限值时执行了纠偏行动；监控设备按 HACCP 计划规定频率进行了校准。

③ 最终产品微生物（化学）检测　作为 HACCP 计划要控制的那些危害是否达到预期效果，对最终产品微生物（化学）检测是提供证据的一部分。

审核的频率应以能确保 HACCP 计划被持续有效地执行为基准。该频率依赖若干条件，如工艺过程和产品的变化程度。正常情况下，HACCP 体系的验证频率为每年一次，另外在产品或工艺过程显著改变以及系统发生故障时都应及时进行验证。

（4）执法机构的验证

在 HACCP 体系中执法机构的主要作用，是验证 HACCP 计划是否有效以及是否得到有效实施。执法机构执法验证内容包括：①对 HACCP 计划及其修改的复查；②对 CCP 监控记录的复查；③对纠正记录的复查；④对验证记录的复查；⑤操作现场检查 HACCP 计划执行情况及记录保存情况；⑥随机抽样分析。

（5）确认、验证、审核的相互关系

本节原理 6——建立验证程序，在验证要素中出现了确认、验证及审核 3 种评价体系的活动，因此必须弄清它们之间的相互关系和各自的作用，不能混淆。确认和审核都是验证程序中关键的因素。体系验证内容包括确认的执行，而确认和验证在 HACCP 体系中往往是前后关系。确认是在 HACCP 计划制定后开始实施以前或修改后重新实施以前，对有关技术数据管理体制等进行科学性的评价，经确认无误才能实施。而验证则是在 HACCP 计划运行一段时间后（或重新修改运行一段时间后）评价体系运行是否有效而进行的。

体系验证的内容也包括确认活动是否执行且科学合理。

审核则是验证中一种有组织收集信息的过程，是 HACCP 体系活动中对具有代表性控制过程或要素进行核查的一种方式。

2.2.2.2.7　原理 7：记录保持程序

HACCP 需要建立有效的记录管理程序，以文件证明 HACCP 体系。

记录是采取措施的书面证据，包含了 CCP 在监控、偏差、纠偏措施（包括产品的处理）等过程中发生的历史性信息。

HACCP 体系要求的记录有 5 种：HACCP 计划和支持文件；CCP 监控记录；纠偏行动记录；验证活动记录；附加记录。

（1）HACCP 计划和支持文件

①制订 HACCP 计划的信息和资料。②各种有关数据。③有关顾问和其他专家进行咨询的信件。④HACCP 小组名单和小组职责。⑤制订 HACCP 计划必须具备的程序及采取的预期步骤概要。

（2）CCP 监控记录

CCP 监控记录是用于证明对 CCP 实施了控制。HACCP 记录提供了一个有用的途径来确定关键限值是否被违反，由管理者代表定期进行记录复查，保证关键控制点按 HACCP 计划而被控制。监控记录也提供了一种方法，审核人员可通过它来判断公司是否遵守了 HACCP 计划。

通过追踪记录，特别是监控记录上的值，操作者和管理人员可以确定该工序加工是否符合其关键限值。通过记录复查可以发现加工控制趋向，可及时进行必要的调整。如果在违反关键限值之前进行调整，则可减少或者消除由于采取纠偏行动而消耗的人力和物力。

所有的 CCP 监控记录应该是包含下列信息的表格：①表头；②公司名称；③时间和日期；④产品确认（包括产品型号、包装规格、生产线和产品编码，可适用范围）；⑤实际观察或测量情况；⑥关键限值；⑦操作者的签名；⑧复查者的签名；⑨复查的日期。表 2-8 是某食品公司的控制记录表。

表 2-8　某食品公司的控制记录表

日期:×年×月×日　关键限值:≥89℃;≥50min　生产线:××　产品名称:即食××　操作者:×××

生产线	批号	检测时间	蒸汽温度(水银温度计)/℃	蒸汽温度记录仪/℃	蒸煮时间			关键限值是否符合	说明
					进锅时间	出锅时间	蒸煮时间/min		
1	034	9:23	94.1	94.1	9:31:8	10:22:00	50.2	是	

复查人:　　　　　复查日期:

(3)纠偏行动记录

原理 5 中已有详细描述。

(4)验证活动记录

验证记录应包括:①HACCP 计划的修改(如配料的改变,配方,加工、包装和销售的改变);②加工者审核记录以确保供货商的证明的有效性;③验证准确性,校准所有的监控仪器;④微生物质疑、检测的结果,表面样品微生物检测结果,定期生产线上的产品和成品微生物的、化学的和物理的试验结果;⑤室内、现场的检查结果;⑥设备评估试验的结果,如热加工中的温度分布检测结果。

(5)附加记录

除了以上 4 项记录,还应有一些附加记录:①雇员培训记录。在 HACCP 体系中应有培训计划,对于实施了的培训计划,就应有培训记录。②化验记录。记录成品实验室分析细菌总数、大肠菌群、大肠埃希菌、金黄色葡萄球菌、沙门菌等的化验分析结果,以及其他需要分析的检测结果。③设备的校准和确认书。记录所使用设备的校准情况,确认设备是否正常运转,以便使监控结果有效。

以上 5 种记录是证实 HACCP 计划是否实施的依据。

2.3　食品安全保障及环境保护措施

2.3.1　相关法律法规

食品安全不仅直接影响产品的质量,而且关系到人民身体健康。食品工厂设计和生产运行中必须遵守国家有关规定,尤其首要考虑中华人民共和国国家职业卫生标准 GBZ 1—2010《工业企业设计卫生标准》和食品安全国家标准 GB 14881—2013《食品安全国家标准　食品生产通用卫生规范》。

为了使食品安全监督体系更趋完善,我国正在广泛采用各种标准,以加强食品卫生安全。我国把对产品的生产经营条件,包括选址、设计、厂房建筑、设备、工艺流程等一系列生产经营条件进行卫生学评价的标准体系,称为良好操作规范(good manufacturing practice),简称为 GMP,作为对新建、改建、扩建食品厂进行卫生学审查的标准依据。

随着食品商品的国际化和对食品安全越来越高的要求,开展食品安全的 HACCP(危害分析与关键控制点)管理、保证食品的安全性也越来越迫切。近年来我国引入的 HACCP 管理体系,就是解决食品加工过程中安全问题的有效方法。

2.3.2 工厂"三废"处理情况和排放要求

2.3.2.1 废水污染及控制

食品工业废水主要来源于原料处理、洗涤、脱水等食品加工生产过程。食品工业废水的主要特点是：有机物质和悬浮物含量高，易腐败，一般无毒性。

食品工业废水的主要污染危害：使接纳水区富营养化，以致引起鱼类和其他水生物因窒息而死亡；还会促使沉积在水底的有机物质在厌氧条件下分解，产生臭气恶化水质，污染环境；废水中含有各种虫卵和致病菌，若不加以处理，任意排放会传播疾病，破坏生态平衡。所以食品工业污水要经过处理后才能排放（包括排入下水道系统）。

2.3.2.1.1 食品工业废水特性

食品工业废水的共同特性表现在生物化学需氧量高且有机物主要是以悬浮或可溶形式存在于废水中。通常称废水中的这些污染物为废水负荷。为了便于评价废水负荷，各国都制定了相应的废水污染指标和检测方法，用来表明废水的污染程度和废水特性。这些指标和检测项目归纳起来有以下几项。

（1）生物需氧量

生物需氧量（biological oxygen demand，简称 BOD），系指在一定的温度、时间条件下，微生物在分解、氧化废水中有机物的过程中，所消耗的游离氧数量，其单位为 mg/L。实际测定时采用 20℃条件下，5d 的 BOD。它是衡量溶解于水中有机物含量多少的重要方法，也是衡量废水污染程度高低的重要指标。废水中有机物污染程度越高，微生物分解有机物时对氧的需求量越多，废水处理的难度越大，操作费用越昂贵。

（2）化学需氧量

化学需氧量（chemical oxygen demand，简称 COD），它表示强氧化剂（如重铬酸钾）在酸性条件下，将有机物氧化成为 CO_2 时所测得的耗氧量。COD 值越高，表示水中有机污染物的污染越严重。同生物需氧量相比较，化学需氧量测定时间短，而且不受水质限制。化学需氧量一般在数值上高于生物需氧量。两者之间的差值即可粗略地表示出不能被微生物所分解的有机物。对于多数食品加工厂废水，BOD 常是 COD 的 65%～80%。

（3）总需氧量

总需氧量（total oxygen demand，简称 TOD），有机物主要元素是 C、H、O、N、S 等，在高温下燃烧后所消耗的氧量称为总需氧量。TOD 的值一般大于 COD 的值。

（4）总有机碳

总有机碳（total organic carbon，简称 TOC）是近年来发展起来的一种水质快速测定方法，用于测定废水中的有机碳的总含量。TOC 的测定时间仅需几分钟。TOC 虽可以以总有机碳元素量来反映有机物总量，但因排除了其他元素，不能完全反映有机物的真正浓度。

（5）富营养化污染

指当利用生物处理废水时，微生物的代谢需要一定比例的营养物，除了 BOD 表示的碳源外，还包括含氮、磷的化合物及其他一些物质，它们是植物生长、发育的养料，称为植物营养素。过多的植物营养素进入水体后，也会恶化水质、影响渔业生产和危害人体健康。

（6）总悬浮固形物

废水中总悬浮固形物（total suspended solid，简称 TSS）是指漂浮在废水表面和悬浮在废水中的总固形物质含量，是废水的重要污染指标之一。废水中的大部分 TSS，可采用过滤法去除。

（7）酸碱度 pH

酸度和碱度也是废水的重要污染指标，常用 pH 来表示废水的酸性和碱性程度。不论酸性还是碱性废水，只要 pH 超过了一定范围，都会对鱼产生不利影响。对废水采用一般处理法之前，对其酸性或碱性都应进行中和处理。

（8）温度

废水温度过高而引起的危害称为热污染。在物理和化学处理系统中，废水温度的大幅度变化，也会影响处理过程的稳定性。

（9）有毒物质

食品工业废水一般是无毒的。但有时废水中会出现有毒物，通常是过量的游离氨、用来消毒的剩余氯，以及清洗用的洗涤剂或其他有毒物如油漆、溶剂和农药等。

（10）生物污染物质

生物污染物质主要指废水中的致病性生物，它包括致病细菌、病虫卵和病毒。生物污染物污染的特点是数量大、分布广、存活时间长、繁殖速度快，必须予以高度重视。

（11）感官性污染物

废水中能引起异色、混浊、泡沫、恶臭等现象的物质，虽然没有严重的危害，但也引起人们感官上的极度不快，被称为感官性污染物。

2.3.2.1.2　废水处理的方法

（1）按作用原理分类

现代食品工业废水处理技术，按其作用原理可分为物理处理法、化学处理法、物理化学法和生物处理法四大类。

① 物理处理法　利用物理作用，分离和回收废水中不溶解的、呈悬浮固体状态的污染物质，也称为机械处理法。根据物理作用的不同，又可分为重力分离法、离心分离法和筛滤截流法。

② 化学处理法　利用化学原理分离和去除废水中呈溶解胶体状态的污染物质，或将其转化为无害物质的废水处理法。在化学处理法中，以投加药剂产生化学反应为基础的处理单元是：混凝、中和、氧化还原等。

③ 物理化学法　运用物理和化学的综合作用去除废水中的污染物质的方法。物理化学法主要有吸附法、离子交换法、膜分离法等。

④ 生物处理法　利用微生物的代谢原理，使废水中呈溶解状胶体以及细微悬浮固体状的有机性污染物转化为稳定、无害的物质。根据微生物作用的不同，生物处理法又分为好氧生物处理法和厌氧生物处理法两种。前者包括：活性污泥法、生物膜法、好氧池等。

（2）按处理程度分类

食品工业废水处理技术按处理程度可分为一级、二级、三级处理。

① 一级处理（初级处理或预处理）　去除废水中的漂浮物和部分悬浮状态的污染物质，调节废水 pH、减轻废水的腐化程度和后续处理工艺负荷的处理方法。常用方法有筛滤法、

沉淀法、上浮法、预曝气法。一般经过一级处理后BOD的消除率为25％～40％，大约去除70％的总固形物，废水的净化程度不高，还必须进行二级处理。相对二级处理而言，一级处理又属于预处理，可在食品加工厂厂区进行预处理。

② 二级处理　一级处理后，用以除去污水中大量有机污染物（即BOD），使污水进一步净化的工艺过程。一般经过二级处理后废水中的BOD，可去除80％～90％，处理后水中的BOD含量可低于30mg/L。一般而言，经二级处理后，废水已满足了排放水的标准。二级处理可在大型食品工厂厂区附近进行。

③ 三级处理（深度处理或高级处理）　这一级处理的任务是进一步去除二级处理未能去除的污染物质，其中包括微生物不能降解的有机物，以及磷、氮和可溶性的无机物。三级处理同深度处理有很多相似之处，但又不完全一致。三级处理是经二级处理后，为了从废水中去除某种特定的污染物质，如磷、氮等，而补充增加的处理单元。深度处理则往往是以废水回收、复用为目的，在二级处理后所增设的处理单元或系统。

一级处理和二级处理又称常规处理，是城市污水和食品工业废水处理中经常采用的处理方法。三级处理一般投资较大、管理复杂，但能充分利用水资源，在当前水资源紧缺情况下应大力发展此类处理。

废水中的污染物质是多种多样的，往往不可能用一种处理单元就能够把所有的污染物质去除干净。一般一种废水往往需要通过几个处理单元组成的处理系统处理后，才能够达到排放要求。

2.3.2.1.3　食品工业废水处理的典型工艺

食品工业污水的典型处理工艺流程如下所示。

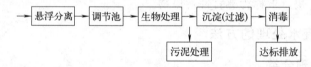

（1）一级处理

一般而言，在食品加工厂，废水中粗大颗粒可通过振动筛筛分去除，较小的粒子可通过过滤或离心除去，细小的粒子则可以在大型贮罐中沉降或上浮。其中浮渣和油脂可从罐中撇去；胶质物体一般可通过加入具有促进沉降作用的明矾进行凝结或絮凝。

（2）二级处理

二级处理常常是由大型食品工厂在厂内使用与城市污水设施类似的设备进行的。有时部分处理的废水可被排放至城市污水站。二级处理一般要利用滴滤池、活性污泥池以及各种类型的水池。有时在这些操作之前要用厌氧消化器预先处理废水。

① 滴滤池　一些可供选择的滴滤池是在高度充气的条件下，将废水和消化废物的细菌混在一起。滴滤池通常为一层由碎石或者其他表面积很大的材料形成的床层，床层与空气接触或空气从床层吹过。废水缓缓流过碎石层，不久便会生成一种高度好氧的微生物，植入某种合适的污水生物也可能产生同样的效果。有机物经过几个串联设备氧化后，通常可以将废水BOD降低90％～95％。

② 生物膜法　利用好氧细菌在充足的氧气和丰富的有机物条件下，在滤料表面迅速繁殖形成一层由各种细菌及其代谢物组成的薄膜即生物膜的方法。这种生物膜具有巨大的表面积，能够大量吸附废水中呈各种状态的有机物并具有非常强烈的氧化分解能力。当它同废水接触后水中的有机物被细菌吸附，并迅速地氧化分解，从而使废水得以净化。

③ 活性污泥法　它是以废水中有机污染物作为底物，通过向废水中注入空气进行充氧，持续一段时间之后，废水中即生成一种絮凝体。这种絮凝体主要是由大量繁殖的微生物群所构成，它易于沉淀分离，并使废水得到澄清。大量小生物的团聚对污水中的有机物具有很强的吸附与氧化能力，只要能保证实质性地降解 BOD 所需的几小时停留时间，废水就可以连续地流入和排出。

④ 厌氧消化器　当污水中有机物浓度很高时，用好氧处理法显得效果不好，一般采用无氧生物处理。在无氧条件下，借助兼性菌及专性厌氧细菌分解有机污染物成 CH_4 和其他有机化合物的方法称为厌氧生物处理。同好氧生物处理相比，厌氧生物处理是一种低耗能废水处理方法。近年来国内外在研究开发厌氧处理方面发展很快，出现了很多新工艺、新方法。

在厌氧条件下有机物的消化分解过程可分为两个阶段进行，即酸性发酵阶段和碱性发酵阶段。

在酸性发酵阶段，废水中复杂的有机物质在产酸细菌的作用下，分解成简单有机物如有机酸、醇类以及 CO_2、NH_3 等。由于有机酸的大量积累，使废水的 pH 下降至 6，甚至可达 5 以下。此后，由于有机酸和溶解性含氮化合物的分解，产生碳酸盐氨、氮及少量的二氧化碳等，从而使酸性减弱，pH 可回升到 6.6～6.8。这个阶段内有机物的厌氧分解是在酸性条件下进行的，故称为酸性发酵。

碱性发酵阶段中，参与作用的微生物是甲烷细菌。甲烷细菌对营养的要求不高，酸性发酵阶段的代谢产物在甲烷细菌的作用下，进一步分解成污泥气，主要成分是二氧化碳、甲烷，由于具有燃烧值而可以回收。

⑤ 池塘和废水处理塘　从滴滤器和活性污泥池出来的废水常常被泵送至混凝土池或人造池塘及废水处理塘中。为维持需氧条件，这些池子均非常浅，一般 1～2m，池子里不仅可由微生物进一步降低 BOD，而且还可进一步沉降痕量的固体。从池塘或废水处理塘中流出的水，若不含固体，通常 BOD 值已经足够低，允许排放到江河湖泊之中。

2.3.2.2　废气污染及控制

2.3.2.2.1　大气污染物的种类

大气中超过洁净空气组成中应有浓度水平的物质，称大气污染物。进入大气的污染物种类是相当多的，据不完全统计，大约有 100 种，大致分类如下。

（1）按来源分类

大气污染物可分为自然污染物和人为污染物（如工厂排放的废气），引起公害的往往是人为污染物。

（2）按其存在状态分类

气溶胶态污染物如粉尘、烟尘、雾滴和尘雾等颗粒状污染物。

气态污染物如 SO_2、NO、CO、NH_3、有机废气等主要以分子状态存在于大气中的污染物。

（3）按其形成过程不同分类

一次污染物：又称原发性污染物，是指由人为污染源或自然污染源直接排放到环境中，其物理、化学性状均未发生变化的污染物。

二次污染物：又称继发性污染物，指排入环境中的一次污染物，在物理、化学因素或生物的作用下发生变化，或与环境中的其他物质发生反应所形成的物理、化学性状与一次污染物不同的新污染物。这类物质的颗粒微小，其毒性比一次污染物还强。

2.3.2.2.2 大气污染物的治理技术

食品企业锅炉烟囱高度和排放粉尘量应符合 GB 13271—2014《锅炉大气污染物排放标准》的规定，烟道出口与引风机之间须设置除尘装置。产生的气体应达标准后再排放，防止污染环境。排烟除尘装置应设置在主导风向的下风向。季节性生产厂应设置在季节风向的下风向。

食品工业所排放废气中的主要污染物有二氧化硫、氮氧化物、氟化物等，其中二氧化硫和氮氧化物对大气所造成的污染更为严重。

各种生产过程中产生的气溶胶态污染物可利用其质量较大的特点，通过外力的作用将其分离出来，通常称为除尘；气态污染物则要利用污染物的物理性质和化学性质，通过采用冷凝、吸收、吸附、燃烧、催化等方法进行处理。

（1）除尘技术

除尘设备根据其原理大致可分为机械除尘器、湿式洗涤除尘器、过滤式除尘器和静电除尘器等。处理技术的选用主要考虑因素为尘粒的浓度、直径、腐蚀性等以及排放标准和经济成本等因素。

机械除尘器是利用机械力（重力、离心力）将粉尘从气流中分离出来，达到净化的目的。

湿式洗涤除尘器是一种采用喷水法将尘粒从气体中洗涤出去的除尘器，有喷雾塔式、填料塔式、离心洗涤器等多种，这种除尘器能除去直径 $0.1\mu m$ 到 $20\mu m$ 之间的颗粒，如果采用离心式洗涤分离器，其去除率可达 90%，这种方法的缺点是能耗较高，同时存在污水处理问题。

过滤式除尘器有着较高的除尘效率，其中最常用的袋式滤尘器是使含尘气体通过悬挂在袋室上部的织物过滤袋而被除去。这种方法效率高，操作简便，适用于含尘浓度低的气体，其缺点是维修费高、不耐高温高湿气流。

静电除尘器的原理是利用尘粒通过高压直流电晕时吸收电荷的特性而将其从气流中除去。带电颗粒在电场的作用下向接地集尘筒壁移动，借重力把尘粒从集尘电极上除去。其优点是对粒径很小的尘粒具有较高的去除效率，且不受含尘浓度和烟气流量的影响，但设备投资费用高，技术要求高。

（2）气体污染物的处理技术

① 吸收法　吸收是利用气体混合物中不同组分在吸收剂中溶解度的不同，或者与吸收剂发生选择性化学反应，从而将有害组分从气流中分离出来的过程。此法适用性比较强，各种气态污染物如 SO_2、H_2S、HF、NO 等一般都可选择适宜的吸收剂和吸收设备进行处理，并可回收有用产品。用于净化操作的吸收器大多数为填料塔、板式塔或喷淋塔等。

② 吸附法　气体混合物与适当的多孔性固体接触，利用固体表面存在的未平衡的分子引力或化学键力，把混合物中某一组分或某些组分吸留在固体表面，这种分离气体混合物的过程称为气体吸附。

③ 催化法　催化法是利用催化剂的催化作用，将废气中的气体有害物质转化为无害物质或转化为易于去除的物质的一种废气治理技术。催化法治理污染物过程中无须将污染物与

主气流分离，可直接将有害物质转变为无害物，这不仅可避免产生二次污染，而且可简化操作过程。

④ 燃烧法　燃烧法是通过热氧化作用将废气中的可燃有害成分转化为无害物质的方法。

⑤ 冷凝法　冷凝法是利用物质在不同温度下具有不同饱和蒸气压这一性质，采用降低系统温度或提高系统压力，使处于蒸汽状态的污染物冷凝并从废气中分离出来的过程。

⑥ 生物法　有机废气生物净化是利用微生物以废气中的有机组分作为其生命活动的能源或其他养分，经代谢降解，转化为简单的无机物及细胞组成物质。

⑦ 膜分离法　混合气体在压力梯度作用下透过特定薄膜时，不同气体具有不同的透过速度，从而使气体混合物中的不同组分达到分离的效果。膜分离法的优点是过程简单、控制方便、操作弹性大，并能在常温下工作，能耗低。

2.3.2.3　固体废物污染及控制

食品废弃物种类繁多，有可再利用的副产物，如果蔬的皮、渣、核等；也有对环境造成污染的有毒有害物质，如原料及产品的包装垃圾、工厂的生活垃圾等。由食品企业排放出的固体形式废弃物质，凡是具有毒性、易燃性、腐蚀性、放射性等废弃物都属于有害废渣，废弃物的存放应远离生产车间，且不得位于生产车间上风向。存放设施应密闭或带盖，要便于清洗、消毒。

2.3.2.3.1　废弃物的处理方法

废弃物处理是指通过物理、物化、化学、生物等不同方法，使加工废弃物转化成适于运输、贮存、资源化利用以及最终处置状态的一种过程。废弃物的处理方法主要有以下几种。

（1）压实

压实亦称压缩，是用物理方法提高固体废弃物的聚集程度，增大其在松散状态下的单位体积质量，减小固体废弃物的体积，以便于利用和最终处置。

（2）破碎

破碎指用机械方法将废弃物破碎，减小颗粒尺寸，使之适合于进一步加工或能经济地再处理。破碎通常不是最终处理，而往往作为运输、贮存、焚烧、热分解、熔融、压缩、磁选等的预处理过程。按破碎的机械方法不同分为剪切破碎、冲击破碎、低温破碎、湿式破碎和半湿式破碎等。

（3）固化技术

固化技术指通过物理或化学法，将废弃物固定或包含在坚固的固体中，以降低或消除有害成分的溶出特性。根据废弃物的性质、形态和处理目的可供选择的固化技术有以下五种，即水泥基固化法、石灰基固化法、热塑性材料固化法、高分子有机物聚合稳定法和玻璃基固化法。

（4）脱水

生产过程本身或化学工业废水处理过程中，常常产生许多沉淀物和漂浮物统称为污泥。脱水可进一步降低污泥含水率，主要有自然干化法和机械脱水法。自然干化法是利用太阳自然蒸发污泥中的水分。机械脱水法是利用机械脱水设备进行脱水的，有真空过滤机、板框压滤机、带式压滤机和离心脱水机等。

（5）热解技术

热解技术是在氧分压较低的条件下，利用热能使可燃性化合物的化合键断裂，大分子量的有机物转化成小分子量的燃料气体、油、固形碳等。

（6）焚烧

焚烧是一种高温处理和深度氧化的综合工艺，通过焚烧使其中的化学活性成分被充分氧化分解，留下的无机成分（灰渣）被排出，在此过程中废弃物的容积减少，毒性降低，同时可达到回收热量及副产品的双重功效。

2.3.2.3.2　废弃物的再利用

在经济条件允许时，可以将食品加工厂的大部分废物加工或转换成更有用和更有价值的物质，实现食品加工原料的综合利用。果蔬的皮、渣、核经现代加工技术可提取大量活性物质，经挤压进一步除去水分后，可转换成堆肥来改善土壤或用作动物饲料；动物骨头可生产骨粉、骨油、饲料、食用油脂、明胶和肥皂；蛋清经吸附、盐析、干燥等工序可制成溶菌酶。

2.3.3　工厂噪声污染及控制

噪声污染是指噪声强度超过人的生活和生产活动所容许的限值，对人们健康或生产造成危害。噪声污染和空气污染、水污染一样，被称为当今的三大污染。国家颁布了《中华人民共和国环境噪声污染防治法》和《工业企业厂界环境噪声排放标准》；本着"谁污染、谁治理"的原则，凡是厂界噪声超标的企业应进行治理，做到达标排放；食品工业企业由于其工艺性质和设备使用等原因，存在着大量的噪声声源和相当程度的噪声污染。

噪声污染的发生必须有三个要素：噪声源、传播途径和接受者。噪声传播途径包括反射、衍射等形式的声波进行过程，所以控制噪声的原理也应该从这三个要素组成的声学系统出发，既要单独研究每一个要素，又要作系统综合考虑；既要满足降低噪声的要求，又要注意技术经济指标的合理性。原则上讲，优先的次序是噪声源控制、传播途径控制和接受者保护，控制环境噪声则还应采取行政管理措施和合理的规划措施。

噪声控制的一般程序是：首先进行现场调查，测量现场的噪声级和频谱；然后按有关的标准和现场实测的数据确定所需降噪量；最后制定技术上可行、经济上合理的控制方案。

2.3.3.1　食品企业常见的噪声来源

2.3.3.1.1　风机噪声

风机是食品工业生产广泛使用的一种通用机械，如：风力输送、原料清洗和分选、物料浓缩和干燥等工艺均离不开风机。同时它也是食品企业中危害最大的一种噪声设备，其噪声高达 100～130dB（A）。主要由四部分组成：进、排气口的空气动力性噪声；机壳、管路、电动机轴承等辐射的机械性噪声；电动机的电磁噪声；风机振动通过基础辐射的固体声。在这四部分中进、排气口的空气动力性噪声最强，比其他部分高。

2.3.3.1.2　空压机噪声

空压机是食品厂的重要设备之一。其噪声在 90～110dB（A），呈低频特性，严重危害周围环境，尤其在夜间影响范围达数百米。它的噪声主要是由进出气口辐射的空气动力性噪声、机械运动部件产生的机械性噪声和驱动电机噪声等部分组成。

2.3.3.1.3　电机噪声

电机是食品厂生产中使用最多的动力设备，在运行中产生强烈噪声，功率越大噪声越严重，其噪声主要包括风扇噪声、机械噪声和电磁噪声。

2.3.3.1.4　泵噪声

泵的噪声主要来自液力系统和机械部件。液力噪声是由液体中的空穴和液体排出时压力、流量的周期性脉动而产生的。泵的噪声大部分是出口处不同压力的液体混合的结果，当泵压力腔中的压力低于出口管道中的压力时，噪声最大。

2.3.3.1.5　其他噪声

在食品企业还常有粉碎机、柴油机、制冷设备等均产生不同声级和频率的噪声。由于企业的产品或工艺特点不同，有些噪声可能成为企业主要的或危害性较大的噪声源。

2.3.3.2　噪声控制的一般方法

2.3.3.2.1　噪声源的控制

运转的机械设备和交通运输工具是噪声污染的主要来源，控制它们的噪声有两种方法：一是改进结构，提高部件的加工精度和装配质量，采用合理的操作方法，可显著降低源强。二是采用吸声、隔声、减振、隔振、安装消声器等技术，将设备做成低噪声整机。

2.3.3.2.2　传播途径的控制

噪声在传播过程中，一旦遇到障碍物，就会被障碍物吸收、反射、折射和绕射等。在噪声源附近衰减的规律比较复杂，在稍远的地方，例如距离大于噪声源最大尺寸 3～5 倍以外的地方，距离若增加一倍，噪声衰减 6dB。因此，在厂址的选择上，要将噪声级高、污染面大的工厂、车间或设备远离需要保持安静的地方。同时，噪声源一般都有高频指向性，即在不同方位上，接收到的高频噪声有所不同，所以我们可以改变机器设备的安装方位降低噪声等。

2.3.3.2.3　接收者的防护

除了减少接收者在噪声环境中的暴露时间和调整他们的工种之外，可佩戴护耳器，如耳塞、耳罩或头盔等。

2.3.4　食品工厂的防火防爆措施

2.3.4.1　着火源的控制与消除

明确划定厂区的禁火、禁烟区域，并设置安全标志；可燃气体、易燃液体的设备、管道，均应进行防静电接地，以防静电放电火花；可燃气体、易燃液体的流速应符合安全规定；氧气的流速应按安全规定执行。

2.3.4.2　易燃易爆物质的控制

2.3.4.2.1　根据物质的危险特性采取措施

对本身具有自燃能力的油脂以及遇空气自燃、遇水燃烧爆炸的物质等，应采取隔离空气、防水、防潮或通风、散热措施。

2.3.4.2.2 降温措施

相互接触能引起燃烧爆炸的物质不能混存,遇酸、碱有分解爆炸的物质应防止与酸碱接触;对机械作用比较敏感的物质轻拿轻放;对易燃、可燃气体和液体要根据它们的密度采取相应的排污方法和防火防爆措施。根据物质的沸点、饱和蒸气压考虑设备的耐压强度、贮存温度、保温降温等措施。根据它们的闪点、爆炸范围、扩散性等采取相应的防火防爆措施。

2.3.4.2.3 密闭与通风措施

为防止易燃气体、蒸汽和可燃性粉尘与空气构成爆炸性混合物,应设法使设备密闭,以防止气体粉尘逸出,在负压下操作的设备,应防止进入空气。完全依靠设备密闭,消除可燃物在厂房的存在是不大可能的。生产中往往借助于通风来降低车间空气内可燃物的含量。

2.4 工厂生产管理制度

2.4.1 原材料进厂检验制度

原材料进厂后,仓库人员需及时将取样通知单和质量证明书送交理化室进行取样鉴定,理化室需在付款期内完成鉴定。检查标准依据国家标准、本厂技术规定及合同条文。鉴定合格后,理化室按本厂技术标准确定投用项目,填写材料历史卡,并通知供销仓库。若原材料不符合标准或合同,理化室需及时上报,由品管部和技术部决定处理意见,并通知财务部拒付。经协商可代用的原材料,需办理手续,经使用车间同意并签写代用单,经技术部、品管部研究和总经理批准后方可入库或使用。部分检验项目无法在本厂进行时,可委托外单位或相关部门解决,但结果需经品管部、技术部签字确认。原材料必须专料专用,如需代用,须经相关部门同意并由技术部和品管部联合通知后方可投入生产。

2.4.2 生产管理制度

生产管理是企业经营的重点,涵盖物流、过程管理、质量、安全及资源管理等方面,旨在合理利用资源,规范企业管理,提升竞争力。本制度是生产管理的依据和最高准则,要求各级管理员和一线作业人员严格遵守。各级管理员需树立效率、质量、安全意识,并持续改进管理,防止形式化;所有作业人员需树立节能高效意识。通过规范生产过程管理,公司能够合理利用人力、物力、财力资源,促进生产持续发展,提高企业竞争力。因此,生产过程管理是公司各级人员必须遵守的重要管理制度。

生产管理部门接订单后,需仔细分析要求,组织资源(材料、工具、模具等),按交期缓急领料,保物流顺畅。车间主管日编《生产日报表》,向厂长汇报。产品合格即入库。管理员关注物流、机运、员工状况,指导解决问题,无法解决的逐级上报。影响交期的问题需及时汇报并处理。生产部门定期培训员工,交流思想,组织学习,促进团队建设。员工须服从安排,有争议先执行后申议。鼓励工艺改进建议,给予奖励。制度修改由生产部门提请,总经理批准后施行,原制度失效。管理人员需严谨,员工需配合,公司需关注员工成长和工艺改进,共实现生产经营目标。

2.4.3 出厂检验项目管理制度

理化实验室在品管部指导下,独立负责产品检验,确保每批次产品均按标准及检验方法严格检验，禁止不合格品出厂。出厂检验以同一班次、品种、投料的产品为一批次，按抽样规则抽样，合格后开具合格报告，由检验员和审核人签字方可出厂。如有不合格项，须重新双倍抽样复验，仍不合格则确定该批产品不合格，并上报处理。产品包装须完好无损，否则按不合格品处理。

检验用仪器设备需定期检定维护，确保运行良好，保证数据准确。实验室逐批次记录检验结果，不合格产品不得出厂。此外，实验室每年参加质量技术监督部门组织的出厂检验对比试验，确保数据准确有效。通过严格检验和记录，理化实验室严把质量关，确保产品符合规定要求，维护企业声誉和消费者权益。同时，积极参与外部对比试验，不断提升检验能力和水平。

2.4.4　技术管理制度

为明确项目技术负责人的管理权限和职责，形成一个有秩序、强有力的技术管理机构，贯彻执行国家和上级的相关政策、法规及技术标准，特制定项目技术管理制度。

2.4.4.1　建立技术责任制

明确项目技术负责人为责任人，落实各职能人员的职责、权利和义务的关系，明确工作流程和各职能人员的密切配合，负责协调相关工作和业绩考核。

2.4.4.2　建立图纸、测绘、设计文件的管理制度

明确责任人及文件的收发份数、标识、保存及无效文件的回收流程，确保文件完整。

2.4.4.3　建立技术洽商、设计变更管理制度

明确技术负责人为责任人，做到技术洽商设计变更涉及的内容详尽，变更项目图纸编号明确，符合规范要求。

2.4.4.4　建立工艺管理和技术交底制度

技术交底和工艺管理应分级、分专业进行，交底应有文字记录，交底人和被交底人均应交底确认，做到技术符合图集文本及设计规范要求。

2.4.4.5　建立隐、预检管理制度

隐、预检应做到统一领导、分专业管理，各专业质量员为责任人，明确隐、预检项目和验收程序，即班组自检、互检、交接检。质量员按质按实验收，做到有检查计划，对整改问题有专人负责，确保及时、准确、可追溯性。

2.4.4.6　建立技术信息和技术资料管理制度

技术信息是指导性、参考性资料，技术资料是工程归档资料，应实行统一领导、分专业管理，资料员最后收集，并做到及时、准确、完整。

2.4.4.7　建立技术措施与成品保护措施管理制度

由技术负责人责成专人对责任人实行统一领导，分专业管理。技术措施要做到符合规范

要求，针对性和可操作性强效果明显，成品保护措施要做到低成本、高效率，实施过程有计划，并有文字记录。

2.4.4.8 建立新工人培训制度

要有专人负责，由责任人和各专业负责人共同进行，培训应结合施工需要，做到有计划、有组织、有考核、有记录，做到资料完整齐全。

2.4.4.9 建立技术质量问题处理管理制度

由技术负责人任责任人，会同专业负责人共同制定管理措施，做到工作程序清楚，对存在问题要分析，处理方案有依据，方案简单、易行、可靠，处理过程有记录和相应结论。

第 3 章

食品生产工艺及设备

3.1 产品方案确定

产品方案即食品工厂全年生产计划，包括生产品种、数量、产期及班次等。乳品工厂以奶为主要原料，根据市场需求调整产品，如夏季将鲜奶制成冰淇淋或奶粉。饮料工厂则根据季节变换生产碳酸饮料或含酒精饮品。这些工厂原料基本稳定，但产品随市场需求变化。对于季节性原料的加工工厂，如罐头、速冻果蔬等，产品种类繁多，季节性强，需优先安排受季节性影响的产品，并用调节性产品平衡生产。此外，应综合利用原材料，加工半成品贮存，淡季再加工，如茄汁制品及什锦水果等，以调节生产忙闲不均。制定产品方案时，须根据设计计划任务书和调研资料，确定主要产品品种、规格、产量、生产季节及班次，确保生产有序进行，满足市场需求，提高生产效率和资源利用率。

3.1.1 制定产品方案的原则和方法

3.1.1.1 制定产品方案的原则

在安排产品方案时，应尽量做到"四个满足""五个平衡"。

"四个满足"是：

① 满足主要产品产量的要求。

② 满足淡旺季平衡生产的要求。

③ 满足原料综合利用的要求。

④ 满足经济效益的要求。

"五个平衡"是：

① 产品产量与原料供应量应平衡。

② 生产季节性与劳动力应平衡。

③ 生产班次要平衡。

④ 设备生产能力要平衡。

⑤ 水、电、气负荷要平衡。

3.1.1.2 制定产品方案的方法

制定产品方案时，先依据设计任务书和调研资料确定主要产品品种、规格、产量、生产季节和班次，优先考虑季节性影响大的产品，如草莓罐头应趁草莓收获季及时生产，冰淇淋夏季旺季生产，鲜奶冬季销售好。其次用不受季节限制的产品调节生产忙闲，同时综合利用原材料，加工成半成品贮存以备淡季加工。编排时考虑车间数量和利用率，全年生产日一般按300天计，不少于250天，考虑原料等因素。

3.1.2 制定产品方案的步骤

制定产品方案首先应根据设计任务书的要求，按照以下步骤进行：

① 确定产品的种类及包装规格。

② 根据设计规模，结合各产品原料的供应量、供应周期的长短等实际情况，确定各种产品在总产量中所占比例及产量。

③ 根据原料的生产季节及保藏时间确定产品的生产时间。

④ 根据各种产品的设计产量，确定班产量及生产班次数。

$$天产量 = \frac{各产品生产规模}{预计生产天数}$$

$$班产量 = \frac{天产量}{班次}$$

班产量的单位有：t/班、kg/班。

⑤ 产品方案比较。在进行产品方案设计时，需要作出两个以上方案，并对方案进行比较分析。

⑥ 产品方案表达，可以是文字叙述的方式，也可以用图表表达的形式。相比之下，图表的形式较明确、清晰，也能较容易地发现方案安排中的疏漏和问题，特别对检查生产的衔接和均衡、计算每天劳动力所需要量的变化等尤为方便。

3.1.3 班产量的确定

班产量是工艺设计的核心基准，影响设备配套、车间布置、设施大小和劳动力定员。决定因素包括原料供应、设备能力、生产期延长条件和生产班次及产品搭配。最适宜的班产量即最佳经济效益规模。一种原料生产多种产品时，应简化以机械化，但为满足需求和提高原料价值，也需进行产品品种搭配。

（1）年产量

年产量即生产规模，影响工厂经济效益和工艺设计。确定时需考虑市场需求、原料供应及同类产品生产能力，规模大小直接影响固定成本、销售和经济效益。因此，需经仔细调查和分析，选择最佳经济效益的规模建厂。

新建食品厂的年产量是按式（3-1）估算的：

$$Q = Q_1 + Q_2 - Q_3 - Q_4 \tag{3-1}$$

式中　Q——新建食品工厂某类食品年产量，t；

　　　　Q_1——本地区该类食品年销售量，t；

　　　　Q_2——本地区该类食品年调出量，t；

Q_3——本地区该类食品年调入量，t；

Q_4——本地区该类食品原有厂家的年产量，t。

有些工厂，有明显的淡旺季之分。如啤酒厂，4～9 月份为旺季，冬季为淡季。因此全年生产量为旺季、中季、淡季生产量之和。即：

$$Q=Q_{旺}+Q_{中}+Q_{淡} \tag{3-2}$$

式中，$Q_{旺}$、$Q_{中}$、$Q_{淡}$ 为旺季、中季、淡季的产量，t。

（2）生产日及生产班次

连续生产工厂的全年生产日数为 300d 左右，一般不宜少于 250d。

$$T=T_{旺}+T_{中}+T_{淡} \tag{3-3}$$

式中　　T——全年生产时间，d；

$T_{旺}$、$T_{中}$、$T_{淡}$——旺季、中季、淡季的生产时间，d。

每天的生产班次，一般食品厂安排为旺季 3 班，中季 2 班，淡季 1 班。

（3）日产量

日产量理论上等于年产量除以全年生产日之商，但在实际生产中受各种因素影响，每个工作日的实际产量并不完全相同，尤其是淡、旺季日产量相差很大，可按班产量进行计算。

$$Q_{日}=Q_{班} nK \tag{3-4}$$

式中　　$Q_{日}$——平均日产量，t/d；

$Q_{班}$——班产量，t/d；

n——生产班次；

K——设备不均匀系数，0.7～0.8。

（4）班产量

班产量可由下式求得：

$$Q=Q_{旺}+Q_{中}+Q_{淡}=KQ_{班}(3T_{旺}+2T_{中}+T_{淡}) \tag{3-5}$$
$$Q_{班}=Q/K(3T_{旺}+2T_{中}+T_{淡}) \tag{3-6}$$

式中　　$Q_{班}$——班产量，t/d；

Q——年产量，t；

K——设备不均衡系数，可取 $K=0.7～0.8$；

$T_{旺}$、$T_{中}$、$T_{淡}$——旺季、中季、淡季的生产时间，d。

3.1.4　产品方案的比较与分析

在设计时，应照按下达任务书中的年产量和品种，制定出多种产品方案进行分析比较，作出决定，比较项目大致如下：

① 主要产品年产值的比较；

② 每天所需生产工人数的比较；

③ 劳动生产率的比较（年产量 t/工人总数）；

④ 每天工人最多最少之差的比较；

⑤ 平均每人每年产值的比较 ［元/（人·a）］；

⑥ 季节性的比较；

⑦ 设备平衡情况的比较；

⑧ 水、电、气耗量的比较；

⑨ 组织生产难易情况的比较；

⑩ 基建投资的比较；

⑪ 社会效益的比较；

⑫ 经济效益［年度应征税额（元）］的比较。

根据上述各项的比较，在几个产品方案中找出一个最佳方案，作为后续设计的依据。

表 3-1 为典型食品厂的产品方案。

表 3-1　年产 4000t 罐头厂产品方案

产品名称	年产量/t	班产量/t	1 月	2 月	3 月	4 月	5 月	6 月	7 月	8 月	9 月	10 月	11 月	12 月
青刀豆	1500						──					──		
清水马蹄	300			──										
糖水菠萝	1200								──					
菠萝汁	50								──					
青豆	500				──									
水产类	500													
番茄酱	400													

注：——代表该月份有生产活动。

3.2　产品工艺流程设计

生产工艺流程是食品生产中从原料到成品的工序安排，影响产品质量和工厂经济效益。产品方案确定后，需设计各主要产品生产工艺流程，包括明确设计要求、确定流程、选型生产设备、确定工艺参数、编制工艺文件、进行工艺验证和优化。设计需考虑生产效率、质量控制、成本控制，确保工艺流程合理、可操作，以提高产品竞争力和工厂生存发展能力。

3.2.1　生产工艺流程设计

生产工艺流程设计是确保产品高质量、高效率生产的关键，涉及选择生产方法和确定工艺路线。设计步骤包括：

① 明确产品设计要求，涵盖功能、性能、外观等，为流程和设备选型提供依据；

② 根据要求确定生产工艺流程，考虑生产效率、质量控制和成本，包括加工、检验、包装等环节；

③ 选择合适的生产设备，注重精度、效率和成本；再确定工艺参数，如加工精度、时间、检验标准，确保合理性和可操作性；

④ 编制工艺文件，包括流程图、卡片、规范等，注重规范性和可操作性；

⑤ 进行工艺验证，通过测试确保流程合理可行。

这些步骤共同构成了一个完整、系统的生产工艺流程设计过程，旨在实现产品的最优生产。

3.2.1.1　工艺路线选择的原则

① 据产品规格要求及有关标准来选择加工产品的工艺路线。

② 据原料的加工特性，选择易于加工、原料消耗少、营养损失低的工艺路线。

③ 优先采用机械化、连续化作业生产线，以保证半成品不发生变色、变味、变质，节

约能耗，降低成本。

④ 一些名、特、优的产品生产工艺流程不得随意改动；若需改动，必须经反复试验，经专家鉴定认可后，方可采用。

⑤ 非定型产品的工艺路线，要待成熟以后方可采用。

⑥ 新产品的加工路线，必须经过中试放大，确认能够符合大批量生产的要求，方可用于设计中；对于改进后的新工艺，必须经过鉴定认可后，方可用于设计中。

⑦ 考虑生产工艺的环保性和安全性。

3.2.1.2　工艺路线选择的依据

选择生产方法时，要认真仔细研究所收集到的工艺流程资料、数据加以论证。选择一条切实可行的工艺流程主要从如下几个方面入手。

① 原料来源、种类和性质　主要原料供应尽可能立足国内和建厂地区，这样可减少运输费用，降低成本。如需要应用进口原料，则要采取先进的生产方法和技术，以保证高质量产品的生产。原料种类、性质不同，其生产方法、工艺条件也要有相应的改变。

② 产品的质量和规格　产品的质量和规格要执行国家标准，以国家制定的各项标准为依据，设计生产方法。

③ 生产规模　生产规模对工艺流程的选择也有影响。规模小时，可考虑间歇生产。规模大，则应采用连续工艺进行自动化生产。

④ 技术水平　在进行生产方法的选择时，要对方案进行技术上先进性与生产上可行性的论证，做到既要先进又要保证切实可行。先进性就是尽量采用先进工艺、先进设备，而不用落后工艺、陈旧设备。可行性是指工厂采用的生产方法，以及现阶段是否有条件承受、使用和管理。

⑤ 建厂地区的自然环境　我国地域范围广，气候等自然条件也存在很大的差异。设计工艺流程时，要根据当地的气候条件进行设计。如在热带地区建厂时，发酵工艺中就应考虑采用制冷系统以保证发酵温度的要求。

⑥ 经济合理性　经济效益是评价生产工艺方法优劣的一个重要方面。要切实做好技术经济评价工作，选用投资省、效益高、能耗低的生产工艺。

3.2.2　工艺流程设计

3.2.2.1　工艺流程设计的任务

生产工艺流程设计的主要任务包括两个方面：

① 确定由原料到成品的各个生产环节顺序和组合方式，以达到生产出预期数量和质量产品的目的。

② 绘制工艺流程图。

3.2.2.2　工艺流程设计的要求

① 根据所生产的产品品种确定生产线的数量，若产品加工的性质差别很大，就要考虑采用几条生产线来加工。

② 根据生产规模、投资条件，确定操作方式。根据实际情况，尽量采用机械化、自动化操作。

③ 在食品工厂中，多类型工厂内不同产品常不共生，但工艺设备和过程多通用。确定主要产品工艺过程是关键，能确保效率和设备利用率最大化，满足质量要求。明确此过程可优化生产流程和资源配置，确保高效运营。

④ 确定加工条件。在主要产品的工艺流程确定后，就要确定工艺过程中每个工序的加工条件，如原料处理的方式及应达到的要求。

⑤ 设计合理的单元操作。确定每一单元操作中的流程方案及设备的形式，譬如果汁的浓缩单元操作中具体需要采用哪种形式的加工设备、进出料的要求等。

3.2.2.3 工艺流程设计的内容

① 确定生产线及其数目，根据产品方案及生产规模，视生产实际情况，结合投资大小，确定生产线及生产线数目。如果产量大，可采用几条生产线，以便生产调剂、设备维护等。

② 确定生产线自动化程度，生产线有间歇和连续两种。在确定生产线自动化程度时，根据生产特点和技术成熟性，结合生产规模，采用先进、经济、合理的自动化生产线及在线检测技术，以保证产品质量。

③ 工艺流程图的绘制，生产工艺流程图的设计通常要经历生产工艺流程示意图、生产工艺设备流程图、生产工艺流程图三个阶段的设计来逐步完善。

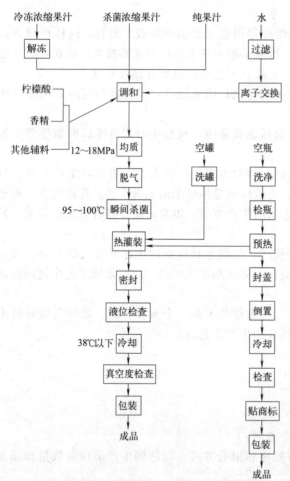

图 3-1 橘子汁生产工艺流程示意图

3.2.3 工艺流程图

3.2.3.1 生产工艺流程示意图

生产工艺流程示意图是定性表述原料转半成品过程及设备的图示，不需准确比例。包括单元操作、流程方案、设备表述，含工序名、操作手段、物料流向、工艺条件。箭头示物料流动方向，粗实线为主流，细实线为中间产物、辅助料、废料流向。

图 3-1、图 3-2 分别为橘子汁、纯净水产品的生产工艺流程图。

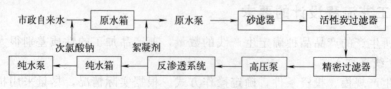

图 3-2 纯净水生产工艺流程示意图

3.2.3.2　生产工艺设备流程图

完成工艺流程图后，经物料平衡计算确定原料、半成品等规格和量，据此选型或设计设备。再进行水电气等能量计算，开始设计工艺设备流程图（草图），该图结合图形与表格，含流程图、图例、设备表和说明，供审查和后续设计用。

图 3-3 和图 3-4 分别为两种典型食品的生产工艺设备流程图，其中包括：有关设备的基本外形、工序名称、物料流向等，必要时还应标示各设备间位置距离及其高度。设备外形以简单直观为准。

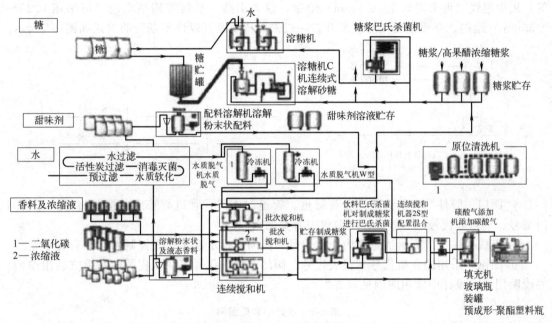

图 3-3　碳酸饮料生产工艺设备流程图

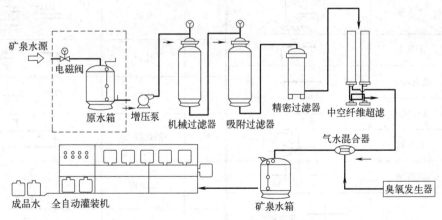

图 3-4　矿泉水生产工艺设备流程图

生产工艺设备流程图画法：将生产设备按照生产流程顺序和位置关系在图画面自左往右地展开，用细线绘制，给出显示设备形状与特征的简单外形，可按比例画，也可不按比例；原、辅料和介质流向用粗实线表示，表示不同介质流向的管线在图上不能相交，交接处用细实线或圆弧避开，图上的设备应注明名称或设备编号。

生产工艺设备流程图制图的具体要求如下：

① 按国家制图要求的规定进行绘图　绘图比例1∶100，若设备过小或过大时则可采用1∶50或1∶200的绘图比例。

② 绘制细节要求　设备用细实线（可采用0.25~0.35mm）绘轮廓，形象表特征，尺寸适当，同层设备绘同标高线并标注。编号名称与设备表一致，标上方或下方，名称在编号下。同设备共编号，右下角加脚注。

③ 管线　画出设备中的物料及水、蒸汽、真空、压缩空气、制冷剂等的管线和流向。主要介质用最粗线（可采用1.2~1.5mm）绘制，其他介质（如水、蒸汽、压缩空气及辅料等）用中粗线（可采用0.6~0.8mm）绘制，仪表引线、基线等用细实线（可采用0.25~0.35mm）绘制。介质线交叉时应断开，一般采取横线断开纵线不断开的方式如图3-5所示。

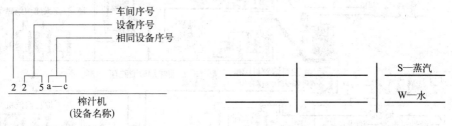

图 3-5　绘制方式

④ 阀门、管件　表示清楚设备与管道、管道与阀门、管道与管道的接口特征，标明阀门型号、规格或代号，一般只标明与仪表有关的阀门。

⑤ 管线标注　应标示清楚管内介质代号、流向；标示清楚仪表控制点、仪表代号等。

⑥ 图例　采用的介质代号、仪表代号、阀门及管件代号等在流程图的右上方列出图例，并说明用途。设计中常用图例见表3-2。

表 3-2　设计中常见图例

序号	名称	图形	序号	名称	图形
1	离心泵		9	标高	
2	水龙头		10	孔洞	
3	法兰堵盖		11	坑槽	
4	软管接头		12	剖切符号	
5	调节阀		13	安全阀	
6	减压阀		14	疏水阀	
7	管道	表示管道与管道相连接　表示管道与管道不连接	15	地漏	
8	指北针	北	16	地沟	

序号	名称	图形	序号	名称	图形
17	视镜		22	电动葫芦	平面
18	转子流量计				立面
19	厂房轴线编号	横向以"1、2…"编号 ① 纵向以"A、B…"编号 Ⓐ	23	桥式起重机	平面
20	门				立面
21	窗		24	电梯间	

⑦ 介质代号　介质代号一般用介质英文名字的首字母缩写。如代号 S 表示蒸汽（steam），代号 W 表示水（water），代号 CA 表示压缩空气（compressed air）。

⑧ 仪表代号　分集中仪表和就地仪表。如 LIA 表示液位指示报警，FIQ 表示流量指示累计。

工艺流程草图按流程方向由左至右展开画出，具体绘制步骤如下：

① 若生产工艺流程布置在不同层的楼面上，绘图时把不同层的楼面地面用双细线绘出，并注上标高。

② 根据设备所处的相对位置、高度，自左至右用细实线绘出各台生产设备的外形轮廓，设备之间要留有一定间距。

③ 用最粗线画出主要介质管线，用箭头标明流向。

④ 用中粗线画出水、蒸汽、真空、压缩空气等介质的管线，并标明流向。

⑤ 画出设备和管道上主要附件、计量和控制仪器以及阀门等。

⑥ 标注设备流程号和辅助线。

⑦ 写上必要的文字说明。

3.2.3.3　生产工艺流程图

生产工艺流程图是初步设计的核心，全面合理，为设备、管道设计提供依据，供施工、生产参考。车间布置时或需修改草图。示意图描述生产步骤，帮助人们理解协作。简单示意图包括原材料准备、加工、组装、包装、质量检测（含过程和成品检测）。这些步骤构成完整生产过程，确保质量标准。流程图助理解和优化生产，提高效率质量。

① 设备的画法与方案流程图基本相同。不同点在于：两个或两个以上的相同设备一般应全部画出。

② 每个工艺设备都应编写设备位号并注写设备名称。与方案流程图中的设备位号应该保持一致。

③ 当一个系统中包括两个或两个以上完全相同的局部系统时，可以只画出一个系统的流程，其他系统用双点画线的方框表示，在框内注明系统名称及其编号。

管道流程线要用水平和垂直线表示，注意避免穿过设备或使管道交叉，在不可避免时，则将其中一管道断开一段，管道转弯处一般画成直角，如图 3-6 所示。

由前所述可知，生产工艺流程图是分阶段逐步完成的，同时要与物料计算、能量计算、

(a) 管道相连　　　　　　(b) 管道交叉

图 3-6　管线连接、交叉画法

设备设计计算与选型以及车间布置设计等交叉进行。因此，从事生产工艺设计时，必须全面、综合考虑问题，做到思路清晰、有条不紊、前后一致。

作为正式的设计成果，工艺流程图将被编入设计文件，供上级部门审批和以后施工使用。

3.2.3.4　生产工艺的论证

在主要产品的工艺流程确定后，要对工艺条件进行说明论证，说明工艺设计中所确定的生产工艺条件，论证生产工艺条件科学合理性，其内容大致如下：

① 某一单元操作在整个工艺流程中的作用和必要性，它将会对前后工段所产生的影响，并从工艺、设备以及对原料的加工利用角度，从理化、生化、微生物以及工艺技术的原理进行阐述。

② 论述采用何种方法或手段来实现其工艺目的，即采用哪种类型的设备、先进程度如何、加工过程中对物料的影响如何。

③ 对工艺参数进行论证，论证不同形式的设备、不同的工艺方法，将会执行的不同工艺参数，论述选定的工艺参数对原料、成品品质的影响，可操作性、加工过程中的安全性、连续性和稳定性。

以上三个方面的论证都是建立在成熟工艺条件基础之上的，所有工艺参数都应是经过规模化生产实践的检验得出来的。

3.2.3.5　生产工艺流程的安全设计

食品是基本物质，安全问题威胁公众健康。科技进步和检测发展使食品安全受重视。食品工厂首要职责是确保加工食品安全卫生。需建立"农场到餐桌"的安全卫生体系。设计时需在工艺流程中预防、控制和管理原料、辅料、半成品及影响食品安全的因子，确保产品安全卫生。

HACCP 体系旨在预防控制食品加工安全卫生。它成熟完善，优势显著，转变了仅依赖最终产品检验的食品安全理念，强调加工过程中的动态预防和控制。HACCP 让加工者自检、自控、自纠，防止不合格品，可追溯记录，终产品检测仅验证体系有效性。FAO/WHO 下属 CAC 制定 HACCP 应用准则，中国要求出口特定食品企业注册时实施 HACCP 管理。

HACCP 原理：基于 HACCP 的食品安全体系是以 HACCP 的 7 个原则为基础建立的。这一体系遵循 1999 年国际食品法典委员会（CAC）在《食品卫生总则》的附录中发布的《危害分析和关键控制点（HACCP）体系应用准则》。HACCP 的 7 个原则如下：

① 进行危害分析；

② 确定关键控制点（CCP）；

③ 建立关键限值；

④ 建立关键控制点和监控程序；

⑤ 建立当监控表明某个关键控制点失控时应采取的纠偏行动；

⑥ 建立验证程序，证明 HACCP 体系运行的有效性；

⑦ 建立关于所有适用程序和这些程序及其应用的记录系统。

3.3　产品质量控制

在生产过程中应掌握控制产品质量的操作与检验方法，并了解和分析产品质量问题产生原因及解决措施。食品安全和质量是行业发展关键。问题包括添加剂、激素、化肥残留多，原料不合格，假冒伪劣产品多等。企业质量管理体系的科学性影响食品安全，决定企业能否满足市场要求。当前，部分食品企业质量管理体系落后，有的为美观添加有害添加剂，形势严峻。同时，生产条件落后，卫生条件差，缺失重要证件，与行业监管要求相悖，社会负面效应突出。

3.3.1　产品质量问题产生原因

3.3.1.1　食品原材料的污染

国家的工业化进程在发展的过程中带来了经济水平的飞速提升，但同时也给生态环境造成了影响，还使得某些食品源头受到污染。例如，一些地区水资源污染严重，导致周边农作物蓄积了有毒有害物质，经加工被人体摄入后对人们的身体健康造成危害，因此原材料好坏直接关系到食品质量和安全问题。当前我国部分农产品和养殖企业在生产养殖过程中，为了使产品看上去更加优良，在产品中添加了一些对人体有害物质。例如，在稻米上滥用杀虫剂，在鱼虾上滥用激素类药物。这些问题都对食物原材料产生了巨大的危害。在食品源头管理上，我国现有的食品安全管理技术尚不健全，存在着严重的污染问题，而在生产中洁净技术和环保技术并没有得到广泛的使用。

3.3.1.2　运输过程中缺乏高效监管

部分食品的保存要求较高，如乳制品、餐饮食品、豆制品等，部分抽样机构不能保证全程冷链运输，无法保证所出具检验报告的准确性。例如，抽样人员在抽检发酵乳制品时并没有通过冷链保存，在运输过程中没有按照相关流程保存样品，导致检验结果不符合相关标准。这种现象表明在食品运输过程中，相关部门监管力度不足，监管意识薄弱，导致食品安全问题发生。

3.3.1.3　生产加工中违规操作，违法成本低

在食品的加工过程中，一些不法商家为了自身利益，不惜违反国家法规，对加工原料进行仿造和掺假。例如，一些企业在食品加工过程中，违反食品安全法规，在食品中加入大量国家明令禁止的化学成分，对消费者身体健康危害极大，出现这种违法违规行为的主要原因是违法成本低，很多黑心商家无所畏惧，从而导致食品加工行业乱象丛生。

3.3.1.4　从业人员食品安全管理意识薄弱，缺乏专业素养

目前还普遍存在从业人员食品安全意识薄弱，对其工作的重视程度不够，缺乏专业素养等问题。一些食品类企业没有向工作人员传达食品安全的重要意义，造成了工作人员对安全生产了解不够全面，让食品质量安全问题仅流于表面，并没有真正地渗透到每个员工的心里。食品生产企业员工的流动率高，员工的整体素质和受教育程度不高，缺乏专业素养，没有严格按照食品卫生标准进行食品生产、包装等。

3.3.1.5　食品安全管理制度不完善

在我国餐饮业发展过程中，食品安全管理体系在食品生产中起到一定的约束、管理和规范作用，对员工工作和企业管理有引导性作用。然而，目前我国的食品加工企业存在许多制度不完善的问题，如规章准则不清楚、条例模糊等，这些问题会对企业自身的发展造成一定的影响，使其难以有序稳定扩大生产规模，其生产的食品也存在安全隐患。

3.3.1.6　缺少制度化的检验质控标准

《中华人民共和国食品安全法》指出："食品企业要严格遵守法律要求，加强食品生产检验和质量控制，同时采用专业化的质量检测设备对生产出的食品进行抽样检查。"在法律条文的制约下，部分企业依然铤而走险，过度追求经济效益，对法律法规置若罔闻，缺少食品检验和质量控制意识，生产出的产品没有经过专业仪器筛查或抽样检测就投放到市场中，导致食品安全问题较多。

3.3.1.7　食品添加剂使用缺少科学化

食品添加剂可改善食品品质，使食品色香味俱全，是一种为满足防腐和加工工艺需求而加入食品中的人工合成或天然物质。联合国粮农组织和世界卫生组织联合规定，食品添加剂用于食品中，应适量或少量添加。然而，从目前来看，个别食品生产企业为了激发消费者的购买欲望，将相关规定抛之脑后，滥用食品添加剂，这不仅侵害了消费者的权益，给其身心造成伤害，还违反了《中华人民共和国食品安全法》的相关规定。

3.3.1.8　其他因素

食品安全管理复杂，涉及许多因素。传统因素有生物、物理、化学性污染，影响动植物饲养种植、食品加工、流通销售各环节。①环境重金属污染加剧，影响植物生长及水资源，进而影响鱼类等生物，最终影响人类健康。②兽药、农药、化肥残留超标，直接污染农副产品，造成食品安全问题。过量使用会残留于动植物中，通过食物链进入人体，危害健康。③新工艺、新资源、新技术应用带来非传统因素，如转基因技术，其安全性国内外均有质疑，可能引发过敏、毒副作用及免疫损害。④食品辐照保鲜技术虽延长贮存期，但毒理学和遗传学影响待研究，存在不确定风险。⑤食品中新资源应用增加安全风险，其功效成分复杂，稳定性、敏感度需探究，营养成分可能损失，评价其优良性需进一步研究。提高政府监管和人员自觉性至关重要。

3.3.2　产品质量问题的解决措施

3.3.2.1　强化专项检查

对本地区食品生产单位进行计量器具的质量专项检查，采取随机抽样的办法对所涉及的单位进行抽样，并由地方有关部门指定的计量单位派专业技术人员对其检验仪器性能及证书质量进行检查，确保食品生产企业检验设备的性能满足生产要求。

3.3.2.2　构建自我约束的体制

在食品安全问题上，生产者是最直接的行为主体，为确保食品的质量，必须加强对生产企业的监管，明确各部门职责，一旦被查出有问题或没有达到要求，那么相关的单位和人员都应承担相应的责任。因此，相关企业必须加大对生产、销售过程中的监督管理力度，严防食品质量问题的发生，形成一种自我约束的制度。

3.3.2.3　加强食品科普宣传，引导人们理性健康消费

宣传食品标识，让消费者对食品名称、配料、营养成分、生产日期、保质期以及贮存条件等有一定的认识，从而增强消费者对食品品质的辨别意识。宣传食品卫生标准，让广大消费者了解食品的气味、味道、形态和理化指标，掌握食物卫生标准、污染物指标等基础知识，增强对食物品质的辨别和判断能力。加强食品安全消费警示教育，及时发布市场舆情、食品违法案件的处理情况，尤其是在重大节日特殊时期，食品经营者要明确告知消费者该类食品的适宜人群、摄入量、营养成分以及贮存条件等。深入社区、乡村、校园、网络和超市等，利用海报、展板、户外媒体、微信公众号以及随手拍等方式，向人们普及食品如保健食品、防范欺诈、虚假宣传等方面的知识，引导人们理性健康消费。

3.3.2.4　运用食品安全质量 HACCP 控制体系

在食品的生产、加工过程中，必须严格执行相关管理制度，以保证食品的安全。同时，在这一进程中，风险评估对建立健全的食品安全质量管理系统具有无可取代的地位。完善的操作规程和工艺规程为建立健全食品安全管理系统奠定了坚实的基础，而 HACCP 系统的实施将使人们能够全面监控食品安全质量问题。HACCP 是美国食品安全法规中的一项重要内容，尤其是在饮料、冰淇淋、冷冻产品等的品质管理中，HACCP 的应用十分普遍。

3.3.2.5　提升食品安全管理意识

在食品加工生产发展过程中，加强对食品安全的监管，可以提高食品生产、包装等工作的质量，促进食品工业的健康发展。因此，提高食品安全管理的认识，强化食品安全管理的宣传教育，提高全体职工对食品安全的认识，对规范工作人员工作流程、规范食品安全生产模式至关重要。例如，通过对员工进行食品安全管理教育，让员工认识到食品问题给自己和企业带来的危害，并将其与自己的工作行为相结合，使其能够充分利用自身的职能，保障食品质量安全。

3.3.2.6　加强网络食品监督管理

随着信息化和社会的一体化发展，食品加工企业必须将重视管理、营销和销售模式向网络化转变，加强对网络的监管，促进我国食品安全管理水平的提高。将食品经营方式转型为网上经营，实行全过程的监管，用现代技术把控员工的工作质量，加强对食品生产、包装的管理。在网络平台管理中，要强化与消费者的沟通，对出现的问题及时处置，同时要加大对问题的排查力度，查明存在的问题，提高食品安全工作的质量。

3.3.2.7　完善食品安全管理制度

在食品安全管理工作中，要完善食品安全监管体系，建立健全相关食品安全管理制度。同时，还要强化现实工作与食品安全监管体制的相互联系，提高其使用的有效性，进一步助推食品安全管理制度真正融入实践工作中，否则再完善的管理制度也只是白纸一张，起不到

任何作用。此外，还应从系统层面上对工作人员进行规范，提高其工作质量，促进企业健康发展。

3.3.2.8 加强食品供应链管理

在食品安全生产工作中，必须强化对食品供应链的监管。强化对原材料、采购、质检等方面的监管，对食物原料进行严格把控，提高食品质量的管理水平，从根源上保障食品安全。要定期清洁食品加工场地，定期维护食品加工设备，为食品生产和包装工作的开展创造有利条件，杜绝食品质量问题的发生。

3.3.2.9 建立信息化质量管理流程

为确保食品类企业生产质量管理高效运行，需对品质管理体系进行全面引导与协调。质量信息系统的构建是关键，它能实现预设品质规范，涵盖人员、设备等，实现数据的及时处理、存储、反馈、发送与共享，为质量监控提供坚实支撑。

信息流程包含四步：一是数据收集，基于计算机，确保数据及时、准确、完整、持续，编制统一数据表并说明；二是数据处理，对收集的数据进行筛选、检查、统计、分类和分析，按特定程序和方法加工，正确反映品质活动状态和变化规律；三是数据存储，无论处理与否，数据均应按类保存，建立数据相关性，确保数据可追踪、安全、完整、有效；四是质量数据传递，数据价值在于发送和交换，需及时获取、无丢失、高精度，重新传送快速便捷。企业内部数据交换可通过文件、电子邮件、计算机网络等方式实现，包括部门间及企业内部交换。

采用信息化为基础的集约化、分层化、分布化管理模式，能有效提升食品类企业生产质量管理效率，确保产品质量，满足市场需求。

3.3.3 生产过程的质量控制

生产过程质量控制是质量控制的核心，对提升产品质量至关重要。工序状态直接影响产品质量，其受人员、机器、材料、方法、环境和测量等因素影响。为提升产品质量，需稳定提升工序质量，迅速消除异常，保持其稳定。

现场质量管理需强化保证措施，提升六大因素质量与水平。为有效控制工序，需明确制造过程控制途径，关注影响因素，特别是人员。提高操作者质量意识和技能，加强设备维护，严格检验制度，确保规程执行。

提高工序质量须发挥质量职能有效性，开展多样化控制，强化监控。加强现场检验，坚持"三检"制度，及时发现纠正不合格品，通过数据加强控制。

重视技术管理，完善基础工作，制定产品质量特性分级，建立控制点，编制指导书和质量表，选用管理工具分析控制质量。建立管理点，监视工序状态，确保质量波动在允许范围。

实行定置管理，优化生产环境，设计现场，使物流受控并发挥功效。建立信息通道，分析质量状况，找出因素，分清责任，提出改进措施，形成闭环系统。

完善质量体系需以工序控制为重点，控制组织、资源等活动。优化设计及审核，强化控制，确保有效。制造过程与其他活动密切相关，需各部门共同承担，确保接口无误，职能落实。

制订合理工艺，提高水平，加强原材料、设备、工装管理，加强工艺纪律检查考核。提高人员培训教育，提升技术操作水平。正确选用控制手段和方法，建立工艺管理体系，明确职能职责，完善程序。建立监督体系，定期考核，与经济责任挂钩。

3.4　主要生产设备、运输设备

3.4.1　原料清洗机械

食品原料在其生长、成熟、采收、包装和贮运等过程中，会受到尘埃、沙土、肥料、微生物、包装物等的污染。因此，加工前必须进行有效的清洗。

多数食品原料表面附着的杂质和污物，可以采用干洗的方法除去，但难以完全除尽，最终还得用湿法清洗去除，即利用清水或洗涤液进行浸泡和渗透、使污染物溶解和分离。最简单的湿洗方法是把原料置于清水池中浸泡一段时间，人工翻动、擦洗或喷冲。但这种方式劳动强度大，生产效率低，只适合于小批量原料的清洗。因而，大批量的原料多采用机械方式进行清洗。

3.4.1.1　滚筒式清洗机

这类清洗机的主体是滚筒，其转动可以使筒内物料自身翻滚、互相摩擦，也与筒壁发生摩擦作用，从而使表面污物剥离。但这些作用只是清洗操作中的机械力辅助作用，因此，往往需要与淋水、喷水或浸泡配合。滚筒式清洗机可以间歇和连续操作，但常见形式为连续式。

滚筒一般为圆形筒，但也可制成六角形筒。滚筒可以是栅状筒，也可用一定孔径的多孔钢板作筒面。滚筒两端敞开，以便使物料连续进出。为了使物料按一定速度连续通过滚筒，可以将滚筒以一定倾斜角度（3°～5°）安装在机架上，使物料在转动翻滚的同时借助重力作用从一端向另一端移动；也可以在滚筒内安装螺旋构件，使滚筒成为一种螺旋输送体。为提高清洗效果，有的滚筒式清洗机内安装了可上下、左右调节的毛刷。

（1）滚筒式清洗机工艺性能和效果

① 速度快，效果统一，内槽和外槽全为不锈钢。

② 具有清洗液喷洗、清水喷淋漂洗、风机吹水、热风吹干等功能的新型连续式清洗设备。

③ 仪器工作时间，温度，功率（可调）。

④ 大大提高生产效率，节约时间成本。

（2）操作要领

将物料直接倒入汽包内，用洗涤液清洗汽包前半部分，采用循环水泵、蒸汽加热系统、变频调速、自动温控，清洗后进入喷水区，直接进入振动筛，大部分水滴被振动筛甩出，进入空气总管。风干后可直接包装。

3.4.1.2　喷淋式滚筒清洗机

主要由栅状（或多孔板）滚筒、喷淋管、机架和驱动装置等构成。

喷水管一般与滚筒轴平行安装在滚筒内侧一定位置，根据需要可安装多根水管，并且可沿水管装喷水头。

物料由进料斗进入落到滚筒内，随滚筒的转动而在滚筒内不断翻滚相互摩擦，再加上喷淋水的冲洗，使物料表面的污垢和泥沙脱落，由滚筒的筛网洞孔随喷淋水经排水斗排出。这种清洗机结构比较简单，适用于表面污物易被浸润冲除的物料。

3.4.1.3　浸泡式滚筒清洗机

图 3-7 所示为一种浸泡式滚筒清洗机的剖面示意图。这是一种通过驱动中轴使滚筒旋转的清洗机。转动的滚筒的下半部浸在水槽内。电动机通过皮带传动涡轮减速器及偏心机构，滚筒的主轴由涡轮减速器通过齿轮驱动。水槽内安装有振动盘，通过偏心机构产生前后往复振动，使水槽内的水受到冲击搅动，加强清洗效果。滚筒的内壁固定有按螺旋线排列的抄板。物料从进料斗进入清洗机后落入水槽内，由抄板将物料不断捞起再抛入水中，最后落到出料口的斜槽上。在斜槽上方安装喷水装置，将经过浸洗的物料进一步喷洗后卸出。

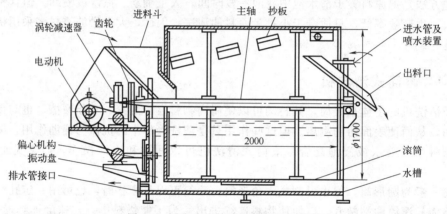

图 3-7　浸泡式滚筒清洗机剖面示意图

传统滚筒式清洗机因物料翻滚碰撞激烈，适合清洗块状硬质果蔬，如甘薯、马铃薯、生姜等，同时能去皮但表面不光滑，适用于切片或制酱的果蔬罐头生产，不适合整只果蔬罐头。加装毛刷并与浸泡、喷淋结合的滚筒式清洗机可清洗某些浆果（如蓝莓）。然而，该清洗机不适合清洗叶菜和皮质较嫩的浆果。

3.4.1.4　鼓风式清洗机

鼓风机式清洗机利用鼓风机产生的空气通过吹泡管在水中产生气泡，使物料翻滚以去除表面污物，特别适合多叶蔬菜清洗。该机采用链带式装置输送物料，链带类型因物料不同而异。链带运动方向通过压轮改变，分为三段：水平、倾斜和再次水平。吹泡管安装于输送机下，位于洗槽水面下的水平段为鼓风浸洗区，倾斜段为喷水冲洗段，上方水平段用于拣选和修整原料。

3.4.1.5　刷洗机

滚筒式和鼓风式清洗机之类主要借助流体力学原理实现清洗的设备，往往难以有效清洗原料表面附着较牢的污物。对于这些原料可以采用刷洗机进行处理，这类机械利用毛刷对物料表面的摩擦作用，直接使污物与物料分离，或使其松动便于用水洗净。另外，刷子也可除去丝状异杂物。

图 3-8 所示为 GT5A9 型柑橘刷果机的结构，主要由进料斗、出料口、纵横毛刷辊、传动装置、机架等部分组成。纵横毛刷辊相间，呈螺旋线排列。相邻毛刷辊的转向相反。毛刷辊组的轴线与水平方向有 3°～5°的倾角，物料入口端高、出口端低，这样物料从高端落入辊面后，不但被毛刷带动翻滚，而且作轻微的上下跳动，同时顺着螺旋线和倾斜方向从高端滚向低端。在低端的上方，还有一组直径较大、横向布置的毛刷辊。它除了对物料进行擦洗外，还可控制出料速度（即物料在机内停留时间）。该机原来主要用于对柑橘类水果进行表面泥沙污物的刷洗。根据需要，可在毛刷辊上方安装清水喷淋管，增加刷洗效果，从而可适合于多种水果及块根类物料的清洗。

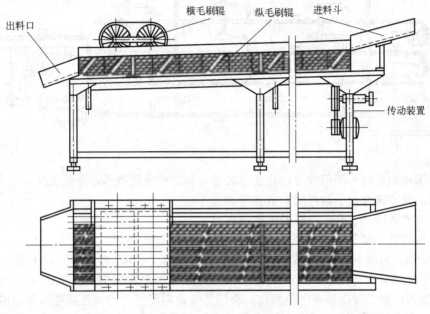

图 3-8 GT5A9 型柑橘刷果机

3.4.2 CIP 系统

食品加工设备需清洗，因结垢影响操作和产品质量，残留物可能导致微生物繁衍或不良化学反应，带来食品安全隐患。小型设备可人工清洗，但大型或复杂设备人工清洗费时费力且效果不佳，故多采用 CIP 清洗技术。

典型的 CIP 系统如图 3-9 所示。图中的三个容器为 CIP 清洗的对象设备，它们与管路、阀门、泵以及清洗液贮罐等构成了 CIP 循环回路。同时，借助管阀阵配合，可以允许在部分设备或管路清洗的同时，另一些设备或管路正常运行。容器 1 正在进行就地清洗；容器 2 正在泵入生产过程的物料；容器 3 正在出料。管路上的阀门均为自动截止阀，根据控制系统的信号执行开闭动作。

CIP 系统通常由清洗液（包括净水）贮罐、加热器、送液泵、管路、管件、阀门、过滤器、清洗头、回液泵、待清洗的设备以及程序控制系统等组成，其中有些是必要的，如清洗液罐、加热器、送液泵和管路等；而另一些则是根据需要选配的，例如，喷头、过滤器、回液泵等。

CIP 系统工艺性能和效果：
① 能使生产计划合理化及提高生产能力。

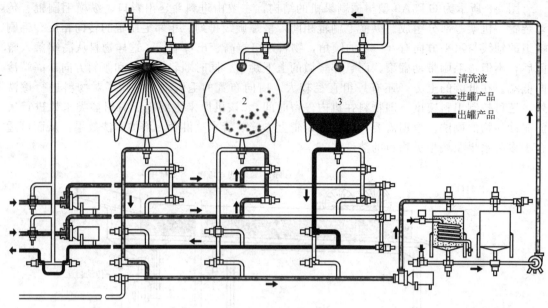

图 3-9 典型 CIP 系统

② 与手洗相比较，不但没有因作业者之差异而影响清洗效果，还能提高其产品质量。

③ 能消除清洗作业中的危险，节省劳动力。

④ 可节省清洗剂、蒸汽、水及生产成本。

⑤ 能增加机器部件的使用年限。

操作要领：清洗顺序 40℃清水、2%碱、40℃清水、0.8%酸、90℃以上热水，依次清洗；按规定时间清洗并记录；加水量约 80%，即盖住加热盘管即可；清洗前检测浓度，不够可添加适当的量。根据酸碱污染程度，决定是否重新配制；正确连接进出分配器；时常检查输水器，防止阻塞；检查管道、阀门无误后，方可启动离心泵进行清洗；当用酸碱清洗时，清洗完毕后，打开回流泵，使酸碱分别流入酸罐、碱罐；最后用清水进行冲洗，清洗完毕；用试纸测试呈中性即可。

3.4.3 加压过滤机

加压过滤机一侧压力高于大气压，另一侧为常压或略高，压力差可超一个大气压。常用操作压力 0.3～0.5MPa，最高 3.5MPa。优点：过滤速率大、结构紧凑、造价低、操作可靠、适用范围广。缺点：间歇操作，部分型式劳动强度大。典型机型：板框式压滤机、叶滤机。

板框压滤机的外形和结构如图 3-10 所示。它由机架与板框构成，机架含固定端板、压紧端板等。压紧端板可前后移动，置于导轨上。固定端板与压紧端板间交替排列滤板和滤框，10～60 个一组，视生产能力及滤浆性质而定。滤框与滤板交替排列，用滤布隔开，由压紧装置（手动、电动螺杆或油压机构）压紧。

（1）加压过滤机工艺性能和效果

加压过滤机是靠增大压差来实现物料固液分离的。在过滤压差提高 5～6 倍的情况下，过滤装置具有过滤速度快、部件承受压力高等特点，这就给加压过滤机的过滤装置提出了特殊要求。因此，不是任何一台过滤机都可装入加压仓内改装成加压过滤机的。基于上述原

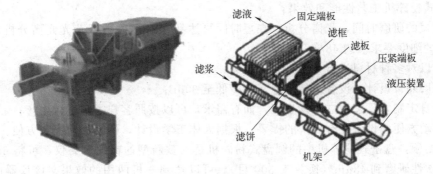

图 3-10　板框压滤机

因，作为加压过滤机的过滤装置，在结构设计和参数选择上比照真空过滤机要有相应的改变，以适应加压过滤机的特定要求。

（2）产品参数

GPJ 系列盘式加压过滤机的型号主要有：GPJ-10、GPJ-30、GPJ-55、GPJ-60A、GPJ-72、GPJ-96、GPJ-120。

GWJ 转鼓式加压过滤机的型号主要有：GWJ-10、GWJ-12。

GTJ 系列筒式加压过滤机型号主要有：GTJ-8、GTJ-10、GTJ-20。

注：以上型号均为国产型号代码。

（3）操作要领

加压过滤机是将过滤机置于 1 个密封的加压仓中，加压仓内充有一定压力的压缩空气，待过滤的悬浮液由入料泵进入过滤机的槽体中，在滤盘上，通过分配阀与通大气的汽水分离器形成压差，滤液通过浸入悬浮液中的过滤介质排出，而固体颗粒被收集到过滤盘上形成滤饼，随着滤盘的旋转，滤饼经过干燥降水后，到卸料区卸料。由排料装置间歇排出到大气中，整个过程自动进行。

3.4.4　盘击式粉碎机

盘击式粉碎机也称为齿爪式粉碎机，其工作元件由两个互相靠近的圆盘组成，每个圆盘上有很多依同心圆排列的指爪。而且一个圆盘上的每层指爪伸入到另一圆盘的两层指爪之间。盘击式粉碎机一般沿整个机壳周边安装有筛网。

盘击式粉碎机的工作原理与锤击式粉碎机有相似之处。从轴向进入的物料在两个运动的圆盘间，受到盘间旋转指爪的冲击、分割或拉碎作用而粉碎。

盘击式粉碎机有多种形式，不同型式机型的差异主要表现在指爪的形状、在盘上的排列，以及两盘转动方式等方面。指爪形式有短、长圆柱状，还有的类似于刀齿。有的盘击式粉碎机的内层指爪形状及其相互距离与外层的不同，目的是使物料因离心力作用在向外周移动过程中产生逐级粉碎的作用。一般齿爪式粉碎机的两个圆盘，一个盘转动，另一个盘固定。

为了获得更大的相对速度，也可以使两个盘同时相向转动。常见的为一种两个盘相向转动的盘击式粉碎机，常称为鼠笼式碎解机。除两个转动盘以外，其主要结构特点还体现在，每个转动件有一圈同心指爪，一侧固定在金属板，另一侧固定在圆环上，呈笼状。两个转动件转动方向相反，相对速度约 60m/s。这种设备具有强烈的撕碎作用，较适于韧性较强的纤维质食品的粉碎。

盘击式粉碎机工艺性能和效果：

① 较短的研磨时间，光谱分析，在短时间可达到 XRF（X 射线荧光光谱分析）或其他光谱分析的细度要求（约 $48\mu m$）；

② 可以对多种材料进行无污染粉碎研磨；

③ 研磨隔音设计，设备运行平稳，噪声低至 30dB；

④ 量身定制，厂家独立研发生产，如有需求，可以按照客户需求进行生产；

⑤ 移动方便，设备配有易携的提手，根据人体工学设计，研磨套件安装方便。

操作要领：盘击式粉碎机中的圆盘式粉碎机是一款新型的精细研磨仪，可将 6mm 的进料尺寸一次性研磨到 $48\mu m$（换算为 300 目），可以达到一机两用的效果。该仪器由两块圆盘组合而成，一块为由马达驱动进行转动的动盘，一块为静盘，在工作时两个圆盘通过旋转产生压力和摩擦力实现对物料的粉碎。

3.4.5 高压均质机

典型高压均质机工作主体由柱塞式高压泵和均质阀两部分构成。总体上，它只是比高压泵多了起均质作用的均质阀而已，所以有时也将高压均质机称为高压均质泵。

高压均质机有多种形式。不同高压均质机的基本组成相同，差异主要表现在柱塞泵的柱塞数、均质阀级数以及压强控制方式等方面。

高压均质机的最大工作压强是其重要性能，它主要由均质机结构强度及所配电机功率所规定。不同均质机的最大工作压强可有很大差异，一般在 $7\sim104$MPa。

高压均质机可用来加工许多食品。不同产品应用均质机进行处理，最重要的是选择适当均质工作压力。均质压力应根据产品配方、所需产品货架寿命以及其他指标确定。有些产品经过一次均质处理还达不到要求，需要重复均质。

高压均质机的出料口仍然有较高压头，但它的吸程有限，一般供料容器的出口位置应高于均质机进料口，否则需使用离心泵供料。另外高压均质机应避免出现中途断料现象，否则会出现不稳定的高压冲击载荷，使均质设备受到很大的损伤。另外，物料夹入过多空气也会引起同样的冲击载荷效应，因此有些产品均质前需要进行脱气处理。

（1）高压均质机工艺性能和效果

① 运转稳定、噪声小、清洗方便、机动灵活，可连续使用，对物料可进行超细分散、乳化。广泛适用于工业生产的乳化、均质和分散。

② 能使料液在挤压强冲击与失压膨胀的三重作用下料质细化混合。本设备是食品等工业的重要设备。

③ 对牛乳、豆乳等各类乳品饮料，在高压下进行均质，能使乳品液中的脂肪球显著细化，使其制品食用后易于消化吸收，提高使用价值。

④ 用于冰淇淋等制品的生产中，能提高料液的细洁度和疏松度，使其内在质地明显提高。

⑤ 用于乳剂胶剂果汁浆液等生产中，能起到防止或减少料液分层、改善料液外观的作用，使其色泽更鲜艳，香度更浓，口感更醇。

（2）操作要领

一般情况下，均质压力越高越好。首先，均质压力越高，均质后的物料粒径将越小越均匀。这就使设备的效率更高，可以通过更少的循环次数达到期望的效果；其次，均质压力越高，可以处理的物料种类越多。例如，某些液体乳剂只需要在 20000psi（1psi＝6894.76Pa）就可以均质到 100nm 以下，而某些含有较高密度固体颗粒的混悬液，则至少要 26000psi 的压力下才能处理到纳米级。

3.4.6 真空浓缩系统

图 3-11 所示为德国 WIEGAND 公司生产的单效降膜式真空浓缩设备流程图，适用于牛乳的浓缩。这套设备主要由降膜式蒸发器、蒸汽喷射器（热泵）、料液泵（离心泵和螺杆泵）、水泵、真空泵及贮液筒等组成。降膜式蒸发器所有加热管束使用同一加热蒸汽，但管束内部分隔为加热面积大小不同的两部分，同时冷凝器设置于加热器外侧的夹套内，结构紧凑。这套设备设置有热泵，用来将部分二次蒸汽压缩后作为加热蒸汽使用；同时，通过在进料缸内引入冷凝水管道及在分离室内设置夹套预热装置，对原料进行预热，回收了冷凝水和二次蒸汽的残留热量，提高了能量利用效率。

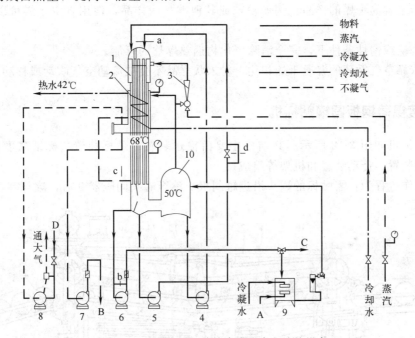

图 3-11 WIEGAND 单效降膜式真空浓缩设备

1—加热室；2—冷凝器；3—热压泵；4,5—物料泵；6—螺杆泵；7—冷凝水泵；8—水环式真空泵；
9—贮料罐；10—分离室；a～d—节流孔板；A—物料；B—冷凝水；C—浓缩液；D—冷水

（1）真空浓缩系统工艺性能和效果
① 除去食品中的大量水分，减轻了质量，减小了体积，节省了包装、贮存和运输费用；
② 通过提高食品浓度，达到贮藏食品的目的；
③ 满足后续加工工艺过程的要求。

（2）操作要领
该机全部用不锈钢制作，配有自动喷淋清洗系统，自动上料，省时省力，功效高、质量好，生产过程符合 GMP 质量标准。通过在进料缸内引入冷凝水管道及在分离室内设置夹套预热装置，对原料进行预热，回收了冷凝水和二次蒸汽的残留热量，提高了能量利用效率。

3.4.7 真空干燥箱

真空干燥箱是间歇式设备，适用于热敏、氧敏物料。主体为真空密封干燥室，内有加热元件，物料置于活动托盘上，托盘放于盘架上。加热剂通过加热元件传热给物料，同时有辐射传热。真空干燥箱也适用于某些固体物料。真空干燥箱的壳体可以为方形，也可以为圆筒形。

真空干燥箱初期干燥速度会很快，但当物料脱水收缩后，由于物料与干燥盘的接触会逐渐变差，传热速率也逐渐下降。操作过程中，加热面温度需要严格控制，以免与干燥盘接触的物料局部过热。

真空干燥箱工艺性能和效果：

① 真空环境大大降低了需要驱除的液体的沸点，所以真空干燥可以轻松应用于热敏性物质。

② 对于不容易干燥的样品，例如粉末或其他颗粒状样品，使用真空干燥可以有效缩短干燥时间。

③ 在真空或惰性条件下，完全消除氧化物遇热爆炸的可能。

④ 与依靠空气循环的普通干燥相比，粉末状样品不会被流动空气吹动或移动。

3.4.8 镀锡薄钢板圆罐贴标机

圆罐贴标机如图 3-12 所示。其结构主要由输送装置、贴标装置、标纸高度控制装置、无标不进罐装置、传动装置和机架等组成。

该机工作过程为：需贴标的罐头沿进罐斜板 8 滚至罐头间隔器 9 后，罐与罐之间就有一

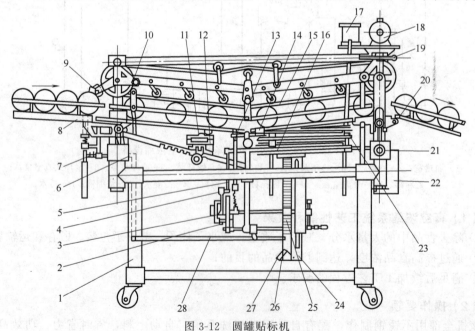

图 3-12　圆罐贴标机

1—机架；2—棘轮；3—棘爪；4—摆杆；5—曲柄连杆机构；6,13,28—连杆；7—挡罐杆；8—进罐斜板；
9—罐头间隔器；10—手轮；11—小牙轮；12—胶水盒；14—标纸高度控制块；15—输送皮带；
16—商标托架；17—贮胶桶；18—电机；19—手柄；20—出罐斜板；21—启动
按钮；22—电气箱；23—含胶压条；24—导杆；25—齿条；26—齿轮；27—斜块

定间隔，保证每个罐头顺序粘取标纸。然后在张紧的输送皮带 15 下面借摩擦力作用被顺序向前滚进，经胶水盒 12 时，与盒内浸沾胶水的小牙轮 11 相接触，在罐身上涂上胶水。再继续向前滚动时，经商标托架 16 粘取商标。随着罐头的滚动标纸便紧紧地贴在罐身上。在罐身粘取标纸前，标纸的末端，由压在标纸上的含胶压条 23 涂上胶水，该胶水是由贮胶桶 17 利用液位差作用向含胶压条浸润胶液的。这样就使得标纸末端能进行纵向粘贴。贴好商标的罐头在皮带摩擦力的推动下，沿出罐斜板 20 滚出到装箱机或贮罐平台上。

贴标机工作质量的好坏，主要反映在标纸高度的自动控制能否确保滚经商标托架 16 的每一罐身都能粘走一张商标。正常工作时，标纸高度要高于标纸高度控制块 14，随着罐身滚过，标纸叠高度逐渐减小。当减小到低于标纸高度控制块 14 时，商标托架 16 会自动升高，直至标纸高于控制块。

标纸高度控制装置是这样工作的：标纸低于控制块时，罐身滚过压在控制块上，使连杆 13 上拉紧弹簧，与弹簧相连的棘爪 3 离开棘轮 2，这时曲柄连杆机构 5、摆杆 4 将棘轮推过一齿，与棘轮同轴的齿轮 26 同时转动，与其啮合的齿条 25 即向上运动。由于商标托架 16 与齿条 25 是连成一体的，所以托架随齿条 25 向上升，直至高于控制块。此时罐身只压在标纸上，碰不到控制块，机构不动作。标纸高度再次低于标纸高度控制块 14 时，机构又重复上述上升标纸动作。

当商标托架 16 上无标纸时，该设备所具有的无标纸不进罐机构即开始动作。此时，装在商标托架 16 上的导杆 24 上升（该导杆是使托架实现垂直运动的），装在下端的斜块 27 也随之上升，其左斜面将碰到连杆 28 的右端，并推动连杆 28 向左运动。从而使与连杆 28 相连的连杆 6，在中间连杆的作用下向右移动。使连杆 6 的左端从原来插在挡罐杆 7 的销孔里退出，于是挡罐杆 7 便在上部弹簧的作用下，迅速弹起于罐头前进的通道中间，挡住罐头向前滚动，实现无标纸不进罐。该设备适用于不同罐径、罐高的圆罐贴标。摇动手柄 19 可使机架上部及输送皮带进行上下调节。转动手轮 10 可实现罐高的调节。该机适用面广，工作可靠，价格适中，为多数食品厂所选用。

（1）镀锡薄钢板圆罐贴标机工艺性能和效果：

① 适用范围广，可满足 10～100mm 直径范围的圆柱体贴标；

② 贴标精度高，标签头尾相接地方偏差≤±0.5mm；

③ 采用巧妙的挤压式装置上料，只需放工件，自动完成贴标；

④ 采用卡位式调整，不同工件贴标切换简单；

⑤ 采用同步带牵引，机械稳定性大大提高。

（2）操作要领

自动交替供料机构包括有固定料箱、两个活动料箱、分瓶轮，其中两个活动料箱并排列于固定料箱的上端，分瓶轮置于固定料箱的下端。该机构由于采用了两个料箱交替供料的结构，故既确保了供料的快速性，又保证了供料的连续性，从而使镀锡薄钢板圆罐贴标机的生产效率大为提高。另外，活动料箱由于设置有自动翻转机构，故可实现低位上料，不仅减轻了劳动强度，而且使上料简单方便，加快上料的速度。镀锡薄钢板圆罐贴标机设计结构巧妙，方便实用。

3.5　食品工厂平面设计

收集或绘制企业平面布置图、生产车间平面布置图，从建筑要求、生产效率、安装、操作、维修及安全性等方面评价设备布置的优缺点。

3.5.1 食品工厂总平面设计

总平面设计是食品工厂设计的核心，需合理布置建筑物、构筑物，确保生产流畅、管理便捷。设计需综合考虑用地、功能、交通、管线和绿化，与周边环境协调。内容包括平面和竖向布置：平面布置关注运输、管线和绿化，确保人流货流分开、管线合理、绿化适当，同时注重环保；竖向布置涉及地形标高设计，力求平坦便于排水，节约投资。总平面设计是综合性工作，需将工艺、交通、公共工程等相互配合，遵循基本原则，结合实际情况完成。

（1）食品工厂总平面设计

应按任务书要求进行布置，必须紧凑合理，节约用地。分期建设的工程，应一次布置，还必须为远期发展留有余地。

（2）总平面设计必须符合工厂生产工艺的要求

① 主车间、仓库等应按生产流程布置，并尽量缩短距离，避免物料往返运输。

② 全厂的货流、人流、原料流、管道等应有各自线路，力求避免交叉，合理加以组织安排。

③ 动力设施应接近负荷中心。如变电所应靠近高压线网输入本厂的一侧，同时，变电所又应靠近耗电量大的车间，又如制冷机房应靠近变电所，并紧靠冷库。罐头食品工厂肉类车间的解冻间也应接近冷库，而杀菌工段、蒸发浓缩工段、热风干燥工段、喷雾干燥工段等用汽量大的工段应靠近锅炉房或供汽点。

（3）食品工厂总平面设计必须满足食品工厂卫生要求

① 生产区（各种车间和仓库等）和生活区（宿舍、托儿所、食堂、浴室、商店和学校等）、厂前区（传达室、医务室、化验室、办公室、俱乐部、汽车房等）要分开，为了使食品工厂的主车间有较好的卫生条件，在厂区内不得设饲养场和屠宰场。如一定需要，应远离主车间。

② 生产车间应注意朝向，在华东地区一般采用南北向，保证阳光充足，通风良好。

③ 生产车间与城市公路有一定的防护区，一般为 30～50m，中间最好有绿化地带，以阻挡尘埃，降低噪声，保持厂区环境卫生，防止食品受到污染。

④ 根据生产性质不同，动力供应、货运场所周围和卫生防火等应分区布置。同时，主车间应与对食品卫生有影响的综合车间、废品仓库、煤堆及有大量烟尘或有害气体排出的车间相隔一定距离。现在已不强调主车间应设在锅炉房的上风向，而是要从环境友好的角度，要求锅炉房、煤堆自身不能产生烟尘、污染物等。

⑤ 厂区内应有良好的卫生环境，多布置绿化。但不应种植对生产有影响的植物，不应妨碍消防作业。由于全国各地开发区的政策不一样，对建筑系数、建筑密度、绿化率等的具体指标也有差异，很难统一。

⑥ 公共厕所要与主车间、食品原料仓库或堆场及成品库保持一定距离。厕所地面、墙壁、便槽等应采用不透水、易清洗、不积垢且其表面可进行清洗消毒的材料建造。厕所应采用冲水式，以保持厕所的清洁卫生，其数量应足以供员工使用。

（4）厂区道路

厂区道路应按运输及运输工具的情况决定其宽度，一般厂区道路应采用水泥或沥青路面而不用柏油路面，以保持清洁。运输货物道路应与车间间隔，特别是运煤和煤渣，容易产生污染。一般道路应设为环形，以免在倒车时造成堵塞现象或意外事故。

（5）专用线和码头

厂区道路之外，应从实际出发考虑是否需有铁路专用线和码头等设施。

（6）建筑物间距

厂区建筑物间距（指两幢建筑物外墙面之间的距离）应按有关规范设计。从防火、卫生、防震、防尘、噪声、日照、通风等方面来考虑，在符合有关规范的前提下，使建筑物间的距离最小。

（7）厂区各建筑物布置

也应符合规划要求，同时合理利用地质、地形和水文等自然条件。

① 合理确定建筑物、道路的标高，既保证不受洪水的影响，使排水畅通，同时又节约土石方工程。

② 在坡地、山地建设工厂，可采用不同标高安排道路及建筑物，即进行合理的竖向布置，但必须注意设置护坡及防洪渠，以防山洪影响。

（8）厂区建筑物的工艺规避

相互影响的车间，尽量不要放在同一建筑物内，如加工鱼制品的生产线不能与加工肉制品或其他果蔬制品的生产线放在同一个车间内，加工肉制品的生产线不能与加工果蔬制品的生产线放在同一个车间内；但相似车间应尽量放在一起，以提高场地利用率。

3.5.2 肉制品加工厂平面布置图

（1）工厂卫生安全及全厂性的生活设施

厂区周围清洁卫生，无物理、化学、生物等污染源；

厂区路面平整、清洁、无积水，主要通道铺设水泥、沥青等硬质路面；

卫生间配有冲水、洗手、防蝇、防虫设施，墙壁、地面易清洗消毒。

（2）厂区车间及设施卫生

① 车间面积与加工能力相适应，工艺流程布局合理，排水畅通，通风良好，清洁卫生，车间入口处设有鞋靴车轮消毒池，车间入口处和车间内适当的位置设足够数量的洗手消毒设施，备有洗涤用品、消毒液和干手用品，水龙头为非手动开关；

② 车间地面由防滑、耐磨、防腐蚀的材料修建，平坦不积水，保持清洁，车间与外界相连的排水、通风处有防蝇、防虫、防鼠设施；

③ 车间内墙壁和天花板，采用无毒、浅色、防水、防霉、不易脱落、便于清洗的材料修建；

④ 墙角、地角、顶角等具有弧度的车间门窗，有内窗台时，必须与墙面成约 45° 的夹角；

⑤ 车间内操作台的工具、器具，用无毒、不生锈、易清洗消毒、坚固耐用的材料制作，禁用竹木器具；

⑥ 车间供水、供气、供电满足生产所需，光线充足，加工场所照明设备装有防护罩；

⑦ 车间有良好的通风、通气装置，特别是在产生蒸汽的工序，车间要防止水汽凝结和不良气味的聚集，成品库及包装间安装空调设备；

⑧ 设有与车间相连的更衣室，配备与加工人员数目相适应的更衣柜、鞋柜及挂衣架，并设置紫外线消毒装置，更衣室内清洁卫生，通风良好，有适当照明。

（3）原辅料及加工用水卫生

① 进厂的原料为清洁无污染的，其品质应符合品质要求，每一批次的原料必须经质检人员抽检合格，不符合品质规定的原料拒收；

② 加工过程所使用的辅料和添加剂应当符合国家有关规定，加工用水必须符合国家《生活饮用水卫生标准》，水质卫生检测每年不少于两次，并保存检测记录三年。

（4）加工人员卫生

① 建立员工健康档案，加工检验人员每年至少进行一次健康检查，必要时作临时健康检查，新进厂人员必须进行体检合格后方可上岗；

② 凡患有有碍卫生的疾病者，必须调离加工检验岗位，痊愈后经体检合格方可重新上岗；

③ 加工检验人员，必须保持个人清洁、遵守卫生规则，进入车间必须穿戴工作衣帽鞋靴，按规定洗手消毒、鞋靴消毒，离开车间必须换下工作衣帽、鞋靴，不得将与加工无关的物品带入车间，工作时不得戴首饰和手表，不得化妆；

④ 企业定期对员工进行加工卫生教育和培训，新进厂员工应经考核合格后方可上岗，限制非生产人员进出车间，任何人进入车间均必须符合现场加工人员的卫生要求，包装运输储存卫生。

（5）包装物料

符合卫生标准且保持清洁卫生，在干燥通风的专库内存放，内外包装物料分开存放；熟肉制品、干制品与生的腊制品分库保管，防止相互交叉污染。

（6）预冷库、冷藏库和原料库

温度符合工艺要求，并配有温度计及自动温度记录装置，库内保持清洁，定期消毒、除霜、除异味，有防霉、防鼠、防虫设施，储存物品与地面墙壁和屋顶的距离必须符合冷库贮存规定。运输物品采用清洁无异味的冷藏车，使用前清洗消毒。

（7）卫生检验管理

① 企业必须设立与加工能力相适应的独立的检验机构，能进行微生物等项目的检验，配备相应的检验及检疫人员，并按规定经培训、取得检验员证方可上岗；

② 检验机构具备检验工作所需的检验设施和仪器设备，仪器设备按规定定期校准并有记录；

③ 检验机构对原辅料、半成品按标准规程取样检验并出具检验报告；

④ 对检验不合格的及时反馈采取纠偏措施；

⑤ 对出厂的成品必须进行检验，出具检验报告，检验报告按规定程序签发，检验机构对产品质量有否决权。

3.5.3 乳制品与软饮料加工厂平面布置图

（1）主生产车间平面布置

① 设备布置。车间平面布置主要指设备和设施按选定的生产工艺流程确定平面位置，平面布置的合理与否，对设备生产能力的发挥、工人操作安全、生产周期的长短及生产率的高低有着很大的影响，在平面布置时应当从实际出发求得最大合理的布置；

② 本设计的建筑外形为长方形，车间跨度为 6m，且车间内柱子少；

③ 车间内人流和物流分开设计，各种物料运输通畅，避免造成污染；

④ 原料库设在预处理车间附近的下风处，包装材料库则设在无菌灌装间附近，而成品库在产品分装车间的后部；

⑤ 车间内无通风设备，采用自然通风；

⑥ 生产区域应实行人员单一入口的规定，车间入口处设有可避免人员跨过或绕过的消毒池；

⑦ 生产车间采用水磨石的地面，墙面用白瓷砖贴至车间顶部，天花板涂刷防水涂料；

⑧ 车间出入口设有塑料幕布防虫，窗户全部采用纱窗和玻璃的双层窗。

（2）车间设备、环境卫生

① 车间光线充足，通风良好，地面平整、清洁、无积水、无污垢，墙面、门窗应经常清洗；

② 车间入口处设有感应式清洗设备及消毒设施；

③ 车间设有防蚊蝇、防虫和防鼠设施，车间门窗严禁随便乱开，以防鼠、蚊、蝇、飞鸟及昆虫等侵入；

④ 车间生产废弃物每班必须定时清除，并清洗干净；

⑤ 更衣室、厕所、车间参观走廊等公共场所必须经常清扫、清洗、定期消毒；

⑥ 人员在生产前和生产后应立即对所使用的设备和物料管道进行清洗，部件及设备外部也要及时清洗、消毒，保证设备及工艺管道的卫生。

（3）防止物流造成的交叉污染

① 成品库按不同产品分库存放，专库专用，不得存放有碍卫生的物品；

② 清洁区与准清洁区的加工界面即为杀青锅，必须严格按照工艺操作规程操作，确保两个区域之间保持严格的分隔。各个区域内的工器具应仅限于在其所属区域使用，不得跨区域混用；

③ 工器具清洗消毒要在工器具消毒间操作，不得随意在生产车间进行；

④ 垃圾的处理：车间产生的废弃物应放在带盖的并有明显标识的废弃物桶中，每日生产结束后清理出车间；

⑤ 在工器具的清洗消毒固定区域，"未清洗消毒"和"已清洗消毒"的工器具要分别存放，"已清洗消毒"的工器具要通过窗口传递出消毒间，操作人员使用的必须是"已清洗消毒"的工器具。

（4）防止气流、水流造成的交叉污染

① 加工车间按要求用臭氧发生器对空气进行消毒；

② 清洁区和准清洁区污水流向必须是清洁区向准清洁区流出；

③ 车间清洗用水管不得拖地，冲洗地面和消毒时不能将水和消毒液溅到食品接触表面上。

3.5.4　粮油加工厂平面布置图

（1）生产车间建筑要求

① 车间地面：应使用 300 号混凝土进行铺设，并采用耐酸材料以增强耐腐蚀性。地面设计需具备防滑特性，以确保工作人员的安全。此外，地面应设计有一定的倾斜度，建议的坡度比例为 1.5∶100，即每 100 单位长度的地面，高度差为 1.5 单位。对于排水需求较大的车间，可以适当增加地面的坡度，以提高排水效率。需要注意的是，车间地面不应设有与

生产流程相反方向的排水沟，以避免影响生产操作或造成潜在的污染风险。

② 墙：要防霉、防腐；转角处为圆弧形；墙裙为 2.0m 高的白瓷砖；墙面用水泥砂浆粉刷。

③ 柱采用圆柱或方柱。

④ 门配有风幕，用弹簧门或拉门，向外开。

⑤ 窗采用双层窗，一层为纱窗，一层为玻璃。

⑥ 采光除玻璃窗自然采光外，同时还用日光灯，要求 $6.3W/m^2$。

⑦ 空调、风扇装置车间一般配备空调、风扇、通风机。

（2）工厂卫生

大米加工属粮油食品工业的范畴，因此所有车间和附属设施均必须符合食品工业卫生要求，在厂房设计和设备选型以及生产安排和实际生产及产品流通中都必须遵守《中华人民共和国食品安全法》，遵守卫生防疫部门的规定。

① 卫生原则　原料必须符合国家相关质量标准，验收合格后入库储存；工器具、运输设备要严格按照食品生产卫生要求执行。要强调良好的个人卫生和健康，保证严格的生产、仓储卫生要求，才可避免对原料和产品的污染。产品达到相应的国家标准。

② 车间设备、环境卫生　应定期维护设备，防带病工作。稻谷加工副产品需严格管理，防抛撒影响环境，提高经济收益。要求车间光线足、通风好、地面洁、无积水污垢，常清洗墙面门窗；设清洗消毒设备于入口，防蚊蝇虫鼠；定时清除生产废弃物；常清扫公共场所，定期消毒；操作前后清洗设备物料管道，及时清洗消毒无法直接清洗部分，确保卫生。

（3）个人卫生

① 车间生产人员每年至少进行一次健康体检，新进厂人员必须进行健康检查，取得健康证后方可参加工作；

② 生产人员必须经过车间入口处的消毒池，经洗手消毒以后方可进入车间，上岗以前必须穿戴整洁、统一的工作服、帽，工作服应盖住外衣，头发不得露出帽子外；

③ 生产人员应保持良好的卫生习惯，做到"四勤"，即勤洗澡、勤洗工作服、勤剪指甲、勤理发；

④ 进入车间的生产人员不准戴耳环、戒指、手镯、项链，不准浓艳化妆、涂染指甲、喷洒香水，不准吃零食、吸烟、随地吐痰或进行其他有碍食品卫生的活动；

⑤ 生产人员不准穿着工作服、工作帽和工作鞋进厕所或离开生产加工车间；

⑥ 生产人员遇到下列情况必须洗手：开始工作前、上厕所后、处理被污染的原料以后、从事与生产活动无关的其他活动以后，操作期间也应该常洗手。

（4）食品接触表面清洁卫生标准

① 与食品接触面的材料卫生要求：耐腐蚀、光滑、易清洗、不生锈；禁止使用竹木制品、纤维等。

② 与食品接触的设备、工器具要求：无粗糙焊缝、破裂、凹陷；表里如一；拆装方便，便于清洗和维护保养。

③ 包装材料的卫生要求：盛放食品的内包装塑料袋，必须来自经卫生防疫部门备案的、有卫生许可证的企业，并有产品的检测报告；外包装纸箱必须有检验检疫部门出具的包装性能检验结果单。

3.6　主要副产品的性质和综合利用

提高食品加工副产品资源的综合利用水平，变无用为有用，变一用为多用，实现食品加工零排放，是当今我国食品精深加工与利用和产业升级面临的重要课题。食品加工再生资源通过有效的综合利用可以使副产品增值，实现农业、畜牧业的可持续发展。从环保和经济效益 2 个角度对加工原料进行综合利用，把副产品转化成高附加值的产品。食品加工初级产品经加工和综合利用后所形成的精加工产品，其附加值可递增数倍乃至更多。

3.6.1　果蔬加工副产品

果蔬加工副产物指加工中产生的果皮、果核、叶、茎等。我国果蔬生产和加工业发展迅速，是农村经济支柱。2023 年，我国蔬菜种植面积达到 3.43 亿亩，产量达 8.29 亿吨；单位面积产量达 2415.26kg/亩。果蔬加工副产物随产量增加而增多，年废弃物达 1 亿吨且持续增长，多被丢弃或填埋，既污染环境又浪费资源。

果蔬加工副产物的利用率不高是全球问题，在欧洲，每年的果蔬加工副产物多达几百万吨，主要通过填埋来处理，废弃物中有价值的成分未得到充分利用。根据联合国粮农组织的统计数据，印度是世界第二大水果生产国，水果加工过程中产生大量的皮籽、渣等废弃物，因为没有合适的技术和方法去处理，所以这些可利用资源没有得到有效利用。

我国果蔬资源丰富，果蔬加工在农产品进出口中占重要地位。随着果蔬生产规模化、集约化，其副产物增加，富含高营养。合理利用可避免资源浪费和环境污染，能提高农产品附加值，增加经济效益，消除污染源，保护环境，推动现代农业可持续发展。

3.6.1.1　果蔬加工副产物的利用途径

目前，果蔬加工副产物多用于动物饲料或填埋，深加工少，却富含有机物及功能性成分，见表 3-3。其综合利用对资源利用、经济发展、环境保护及低碳生活均十分必要。途径包括提取果胶、制造膳食纤维、提取色素和抗氧化物质等。

表 3-3　几种果蔬残渣的可利用成分

副产物来源	可利用成分及其含量/(g/100g)				
番茄残渣	粗蛋白 22.6～35.6	精脂肪 2.2～3.2	粗纤维 20.8～30.5	粗灰分 3.1～7.4	无氮浸出物 19～32
马铃薯残渣	淀粉 33～41	纤维素 >30	果胶 约 17	蛋白质/氨基酸 约 4	无机物 <20
柑橘粕	精蛋白质 1.6～4.2	粗纤维 13～27.3	粗灰分 0.7～12.4	粗脂肪 0.23～4.6	无氮浸出物 约 65.70
苹果渣	可溶性糖 >62.8	粗蛋白 约 5.2	粗脂肪 约 5	钙 约 0.11	磷 约 0.1

3.6.1.2　果蔬加工副产品的利用方法

（1）提取果胶

果胶是陆生植物细胞壁中的杂多糖，为食品、医疗等多行业的重要成分，有降血脂等功效。果胶作为功能性食品成分，已广泛用于果酱等。提取方法包括酸提法等，常用对象是苹果渣或柑橘皮。国内常用传统酸法从柑橘皮提果胶，但易水解且提取率低（2.8%）。

① 果胶的性质　果胶是一种亲水性植物胶，是以半乳糖醛酸为主的复合多糖类物质，存在于高等植物的叶、根、茎的细胞壁内，与细胞彼此黏合在一起，尤其是果实和叶中的含量多。人体的新陈代谢过程不产生果胶分解酶，所以果胶经过人体直到大肠才发生变化。在大肠内，细菌将果胶作为碳氢化合物的来源，故果胶在肠内降解不产生热值。现在已经有许多有价值的关于果胶生物效应的报道，包括降低胆固醇效应、抗腹泻效应以及对氮的新陈代谢的影响。

② 果胶的功能　凝胶化作用是果胶最重要的性质，果胶最主要的用途就是作为酸性条件下的胶凝剂。高甲氧基果胶和低甲氧基果胶在结构上的差异致使二者的凝胶条件完全不同。

高甲氧基果胶溶液在 pH 为 2.0～3.8，且体系中含有 55% 以上的可溶性固形物（多为蔗糖）时，经冷却后可形成非可逆性凝胶。pH 为 2.0～3.8 可抑制—COOH 基团的解离，而高 DE 值也是减少负电荷的关键。一般来说，DE 值越高成胶就越容易，所以高甲氧基果胶在浓度为 0.3% 时即可形成凝胶。

低甲氧基果胶形成凝胶的机理与高甲氧基果胶大不相同。由于其 DE 值低，界胶分子中—COO⁻ 相对较多，果胶分子仅靠调节溶液 pH 很难形成结合区，此时就需要有钙离子的参与，果胶分子能与钙离子等形成"蛋盒"模型式结合区。在形成凝胶时受钙离子浓度影响较大，而受糖及酸含量影响较小，故其凝胶条件 pH 为 2.6～6.8，范围较宽，而且对可溶性物质量要求也不大，一般为 10%～80%，所形成的凝胶较软，有弹性且有热可逆性。

③ 果胶的提取　原果胶是不溶于水的物质，但可以在酸、碱、盐等化学试剂及酶的作用下，加水分解转变成水溶性果胶。果胶提取基本原理是将在植物体中的水不溶性果胶原分解为水溶性果胶，并使之与植物中的纤维素、淀粉、天然色素等分离，从而获得一定纯度的果胶。

常用的提取果胶的方法有传统酸法、离子交换法、微波提取法等，目前还有微生物法、草酸铵法、连续逆流萃取法、酶法等。

a. 传统酸法　传统酸法常用于提果胶，原理为原果胶为水溶性，加乙醇或盐沉淀，经处理得固体果胶。工艺简单，易控制，无污染，果胶纯度高。但易局部水解，质量收率降低，条件影响大，液体黏度高，过滤慢，周期长，效率低。

b. 离子交换法　离子交换法分离物质，基于带电粒子与交换剂结合力差异。克服传统酸法提取得率低的缺点，周期短、工艺简单、成本低、产率高、质量好。但乙醇用量大，回收耗能高，且需高温长时加热，果胶易变性分解，数量质量不理想。

该方法的一般操作步骤为：将预处理好的原料与 30～60 倍的水混合，再加入一定量经预处理的离子交换树脂制成浓浆液，在搅拌加热的条件下提取 2～3h，过滤浓浆液，除去不溶性的离子交换剂和果皮废渣，得到的滤液用乙醇沉淀即得果胶。

c. 微生物法　用帚状地霉从植物组织分离果胶，原理为接种发酵，酶解果胶。操作：切碎原料，加水，引入菌种，发酵，过滤，乙醇沉淀洗涤，干燥得产品。此法制得果胶分子量大，质量稳定，易分离，萃取完全，低消耗、低污染，前景广阔。

d. 酶法　酶法提取果胶就是利用酶分解提取果胶。经研究发现，原果胶酶使原果胶转化为水溶性果胶的能力主要取决于 2 个因素：一是酶作用底物的化学结构，二是酶到达和分解反应发生在特定区域的能力。酶法提取果胶的一般步骤为：在磨成粉的原料中加入含有酶的缓冲液，于水浴恒温振荡器内进行酶法提取，反应结束后，抽滤，然后用乙醇沉淀，过滤分离，干燥，粉碎得果胶成品。

（2）提取可溶性膳食纤维

根据溶解度，有机膳食植物纤维分为水溶性（SDF）和不溶性（IDF）两种。SDF 可直接溶于温水或少量热水，其溶液可用醋酸、乙醇重新水解沉淀。SDF 用于贮藏营养、细胞分泌，包括微生物消化多糖和合成生物多糖，由胶体活性物质、半乳甘露聚糖、葡聚糖等组成。

① 水溶性膳食纤维的性质　膳食食物纤维本身是一种特殊的有机营养活性物质，其本质功能是一种糖类。果蔬中含有数百种纤维素，包括植物纤维素、半植物纤维素、果胶、木质素、树胶和各种植物胶、海藻胶和多糖等。膳食中粗纤维虽然是果蔬中的一种非活性营养成分，但对我们人体健康有益，也被广泛称为易溶黏稠弹性纤维。

② 水溶性膳食纤维的功能　可溶性膳食纤维可以有效刺激人胃肠道正常蠕动，促进消化排便，预防慢性便秘、痔和慢性下肢静脉曲张；同时可以有效预防动脉粥样硬化、冠心病等多种心血管疾病。

③ 水溶性膳食纤维的提取方法　果蔬加工副产品中水溶性膳食纤维的制备方法，主要分为化学法、物理法和生物法。

a. 化学法　又称化学原油分离法，主要是指在广泛使用原油和副产品或其他原材料干燥、研磨后，通过各种化学品和试剂制备各种化学可溶性油和膳食植物纤维的提取方法，主要方式包括直接水提法、酸法、碱法和化学絮凝剂提取法。直接水提法从豆渣中提取可溶性膳食纤维最简单。碱法的临床应用较为普遍。在 30%～70% 乙醇浓度下，用亲核疏水碱性乙醇水溶液作为有机溶剂提取乙醇多糖，经酸碱中和、压制、脱水、干燥，得到白色固体乙醇多糖。本品为一种无色无味的乳白色针状粉末。大豆油酸残基中人工提取的天然大豆油和多糖中还含有 60% 的天然食用植物纤维。少用碱性酸法，采用碱性酸法制备膳食纤维，损耗较大，收率不高。

b. 物理法　物理法是一种用于改善膳食生物纤维产品的方法。它通过结合不同的化学原料和调整原料配比，来优化膳食纤维中各种化学成分的利用效率。此外，该方法还涉及采用不同的化学处理技术对膳食纤维进行理化改性。这些改性措施能够有效地改变膳食纤维的物理和化学特性，从而提升产品的整体质量，并提高生产和使用过程中的管理效率。简而言之，物理法通过化学原料的优化组合和理化改性，增强了膳食纤维的性能和应用价值。

c. 超微粉碎技术　超微粉碎技术利用粒子动力学等技术使颗粒破碎，分为微米、亚微米、纳米级粉碎。在改性食用膳食纤维淀粉生产中，超微粉碎能显著改善其物化特性，如吸水性、溶胀性、增加生物可溶性、乳化性、增稠性、生物活性，提升物料品质。纤维粒径 $D_{50} < 20\mu m$ 时，吸水率和溶胀性高。超微粉碎增加非结晶区纤维含量，释放氢键，提高水利用率和溶胀性。

d. 挤压蒸煮技术　该技术又称挤压加热蒸煮烹饪技术、挤压膨化技术，它通过在高温、高压、高剪切力的条件下对物料进行处理，使膳食纤维内部结构发生变化，难溶膳食纤维部分化学键断裂，从而增加水溶性膳食纤维的含量，提高膳食纤维的溶解性、持水性和膨胀性。挤压蒸煮技术在改性食物膳食蛋白纤维素方面具有以下优点：有效提高改性膳食纤维溶解度；药物消化率显著提高；大大提高其药物生理活性；产品生产过程效率高，成本低，无环境污染。

e. 瞬时高压技术　瞬态和超高压混合技术主要是基于微波的射流混合均化器，是一套高压混合和瞬时超高压混合的材料技术，它作为一种集微粉碎、加热、加压、膨胀等多单元综合操作功能于一体的新材料技术，在促进膳食纤维素的质量改性、可溶性以及含量增加、灭菌等各个方面也都发挥着重要引导作用，从而大大延长了产品保质期。

f. 生物法　通过发酵制备可溶性有机膳食营养纤维。此法颜色、质地、气味和分散性优，广泛用于植物果皮纤维提取。相比传统法，微生物发酵损失少、得率和可溶性好、纤维矿物含量高，吸油力相近，吸水力和膨胀度提高。发酵法制备的竹笋纤维食用性、消化活性高，保留清香风味。

（3）提取抗氧化物质

多酚、维生素 C 等抗氧化物质能清除自由基，预防疾病。提取方法包括溶剂法、微波辅助等。芒果皮抗氧化物质含量高，未充分利用，是潜在的功能性食品原料。葡萄多酚具多种药理活性，主要存于皮与籽中。高效提取抗氧化物质等功能性成分需进一步研究。

（4）提取色素

植物中的色素均为天然色素，大多为花青素类、黄酮类、类胡萝卜素类，对人体无毒无害，具有一定的营养价值和生物活性。从果蔬加工副产物中提取这些色素可作为良好的保健品材料和调味品，在食品工业中主要用作着色剂，并被大多数人所接受。

提取色素的方法有很多，主要有超声波辅助提取法、微波萃取法、有机溶剂萃取法、膜分离法等。传统的有机溶剂萃取法具有耗时长和耗能大的缺点，且成品中溶剂易残留，影响产品的安全性，现在正积极开发提取效率高、得率高并且环境友好（不使用或极少使用有机溶剂的提取方法）。

天然食用色素得率与质量受加工工艺影响大，其稳定性差，易受光、热、酶等影响而分解。提取物一般带有杂质，需精制保证纯度。加工中不能添加有害化学试剂，即使允许使用也应最小化。

五颜六色的水果蔬菜、动物血液以及生物材料都是提取天然食用色素的良好原料，万寿菊提取黄色素、番茄和辣椒提取红色素都已实现了产业化。

色素的提取方法如下。

① 压榨法　是从果蔬中提取色素的简易方法，用手工或机械压力使色素溶液透过破碎的果皮和细胞壁被压榨出。方法有手榨和螺旋压榨，后者常用压缩比（8～10）∶1 的压榨机。压榨后需用循环喷淋水洗除残余色素，再沉降、过滤或离心分离杂质以便进一步加工。

② 溶剂浸提法　以不同溶剂为原料。类胡萝卜素用石油醚-丙酮混合液萃取 4～5 次至无色，转石油醚除杂。用乙醇先脱脂再提至无色。溶剂要求无色无味、选择性强、危害小、易回收、价廉易得，常用水、酒精等，新型用超临界 CO_2。浸提方法有单罐多次、罐组逆流、连续 3 种。

③ 单罐多次浸提　将原料放入一个罐中，加溶剂浸提，当原料内外部色素溶液浓度基本平衡时，放出溶液，再加新的溶剂进行下一次浸提，如此反复多次，直到色素大部分被浸提出为止。单罐浸提的方法所采用的工艺有索氏提取法和自身循环浸提法 2 种，如图 3-13 和图 3-14 所示。

索氏提取法适合于使用有机溶剂浸提，浸提剂和原料细胞组织始终保持最大浓度差，加快了浸提速度，提高了浸提率，最后得到的浸提液浓度较高，克服了单罐浸提中浸提液浓度过低的缺点。此法生产周期也短。缺点是浸提液受热时间长，对温度很敏感的色素原料不适用。

自身循环浸提法可用于水或有机溶剂浸提，液固比较大，不小于 9∶1，所得浸提液澄清度较好，但溶液浓度较小。

④ 罐组逆流浸提　由 3～4 个浸提罐组成罐组，原料不动，溶剂按逆流原则依次前进并浸提。这种浸提方式的优点是所得浸提液浓度较高，部分色素受热时间可缩短。

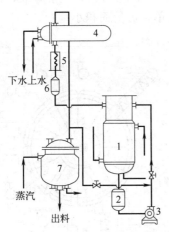

图 3-13　索氏提取法工艺流程
1—储罐；2—泵；3—电机；4—冷凝器；
5—阀门；6—过滤器；7—加热罐

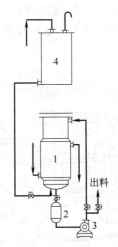

图 3-14　自身循提浸提法工艺流程
1—反应器；2—泵；3—电机；4—冷凝器

浸提所用的设备主要是浸提罐，浸提罐的形式有很多种，主要是带平衡锤的顶盖开启式（即悬筐式浸提罐），如图 3-15 所示。这种形式浸提罐的优点是进出料可用悬筐，方便快捷，但顶盖密封难，装料容积较小。

图 3-16 所示为底部出渣的浸提罐，底盖与排渣口用橡胶密封圈密封，密封圈用以压缩空气或压力水。这种浸提罐出渣很方便，罐装容积大，装料多，适用于各种溶剂的浸提和回收，是常用的一种浸提罐。

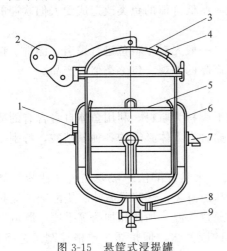

图 3-15　悬筐式浸提罐
1—检查孔；2—压力表；3—排气口；4—液位表；5—进
料口；6—搅拌器；7—观察窗；8—出料口；9—加热器

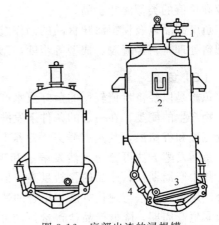

图 3-16　底部出渣的浸提罐
1—阀门；2—储料罐；3—排气阀；4—基座

⑤ 连续浸提　采用平转型连续浸提器进行喷淋浸提，其结构如图 3-17 所示，喷淋原理如图 3-18 所示。它由中心部分连通的上下转料格和溶液格组成，用隔板隔开成 12 个相同扇形格，转料格在圆形的轨道上缓慢旋转，原料经预处理后连续加入 1、2 扇形格，之后对原料多次喷淋浸提液，浸提液浓度依次降低，料渣排出前再用热水洗涤。转料格底部装有翻板，浸提终了时，废渣能自由落下。溶液格接收各转料格流下的浸提液，用泵输送到隔室上方，再喷淋下来。溶液格分成 10 个扇形隔室，其中 b、c、d、e、f、g、h、i 隔室为 30℃，

a、j 隔室为 60℃。溶液与原料沿逆向移动清水进入尾格（第 10 号格）喷淋萃取，最后在首格（第 3 号格）排出。这种浸提器，连续操作，结构简单，占地面积小。

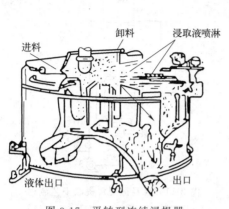

图 3-17　平转型连续浸提器

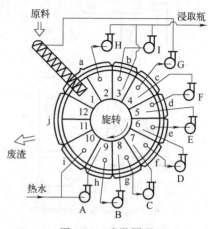

图 3-18　喷淋原理

3.6.2　水产品加工副产品

（1）鱼糜制品以及模拟海味制品

加工鱼糜制品，在原料选择上受鱼的种类、形体大小和组织结构的影响较小。不同种类、不同大小的鱼可以相互搭配使用。在制作鱼糜制品时，低价值的海洋鱼以及水产品下脚料由于蛋白质结构较差，亲水性弱，可使用蛋白酶将这些原料进行部分水解，再加入 TG（转谷氨酰胺酶）。模拟海味制品是利用人工方法把一些低价值的鱼类改造成受人们欢迎的具有较高价值的类似海味食品。

鱼糜制品以及模拟海味食品的制作过程较简单，一般先对原料鱼进行采肉、漂洗、擂溃和配料处理，再经凝胶、成型等步骤，制出和天然产品的外观、口感类似的产品。

（2）鱼露

鱼露是以经济价值较低的鱼虾及水产品加工的下脚料为原料，利用鱼体自身含有的酶及微生物产生的酶类，在一定的条件下发酵制得。鱼露含有人体必需的各种氨基酸，特别是富含赖氨酸和谷氨酸，其味道鲜美，营养丰富。

鱼露发酵方法可分为天然发酵法和现代速酿法。天然发酵法一般要经过高盐盐渍和发酵，其生产周期长，产品的含盐量高，但是产品的味道鲜美，气味是氨味、奶酪味和肉味的混合。用传统方法与现代方法相结合的速酿技术，通过保温、加曲和加酶等手段，既可以缩短鱼露生产周期，降低产品盐含量，又可减少产品的腥臭味，但是要求严格控制工艺条件，否则会极大地影响产品的风味。

（3）鱼鳞胶的提取利用

鱼鳞中含有丰富的蛋白质，而鱼鳞蛋白质中的主要成分是胶原蛋白。研究表明，胶原蛋白具有独特的生物学特性，与细胞的分化、增生和伤口愈合等有关，同时也与生物免疫特性等有关。因此，将鱼鳞脱色后，经过酸碱处理等工艺，将鱼鳞胶原蛋白加工成具有滋阴止血和润肺补肾等独特功能的鱼鳞明胶，是近年来国内外研究的热点之一。

另外，利用蛋白酶水解鱼鳞后，可以得到寡肽和游离氨基酸制品。研究表明这类鱼鳞酶解液具有抗氧化、防衰老、降血压和降低胆固醇的功能。

（4）其他

利用鱼类加工过程中的废弃物可制得多种高附加值产品。如将鱼头和鱼骨经过蒸煮、干燥、粉碎和加辅料等工序，可制成营养保健品——骨糊，利用鱼头还可提取硫酸软骨素；从鱼肠中可提取蛋白酶，有加速化学反应的生物催化作用，可广泛用于制造清洁剂，以及在食品加工业及生物研究中也被广泛应用；鱼鳍可加工成鱼翅；鱼鳔经酶法制成鱼鳔胶，鱼鳔的晒干制品就是名贵的海珍品——鱼肚。

3.7　食品感官评价操作和包装设计

3.7.1　食品感官评价

3.7.1.1　食品感官评价的目的

食品感官评价技术就是一门研究食品可接受性问题的学科，在如何提高食品可接受性方面，感官评价技术具有理化等其他检验方法无法比拟的优势。通过感官评价可以了解消费者是否喜欢该类产品以及喜欢的程度，更重要的是可以了解喜欢或不喜欢的理由，以及了解市场上同类食品在消费者心里的印象。

3.7.1.2　食品感官评价的特点

国家食品质量标准衡量食品质量的主要有感官、理化和卫生三方面指标，相互补充，不可分割。感官特性是卫生和理化指标的表现，检测时三指标均可利用，特点为简便、准确。感官评价与仪器检验结果需相符，感官评价快速、成本低，能迅速反映食品质量，提高检验效率。

3.7.1.3　影响食品感官评价的因素

感官评价受多因素影响：食品本身特性（颜色、气味、形状）干扰检验准确性；检验人员动机、态度直接影响结果；检验形式不同，心理不同，结果有差别；检验室环境适宜，结果准确，环境差则影响检验者生理心理，导致判断偏差。

3.7.1.4　食品感官评价的内涵

食品是人类生存必需品，食品安全备受重视。古人用感官判断食品，积累了丰富的经验。但食品易受客观因素影响而变质，如腐坏、散发酸味。营养质量对人类至关重要，可以保证机能运转。人类在进化中总结了感官评价知识。可接受性涉及外观、形状、价格等感受。感官评价有差异性和区域性。

3.7.1.5　食品感官评价的优缺点

感官评价食品质量的三大优点：及时准确鉴别异常，避免健康损害；方法简便，无需专业设备场所；能察觉特殊污染微量变化。要求检验人员专业、健康、有经验，感官灵敏，累积实践经验。选用感官评价前需明确目的，描述或区别食品，综合考虑样品性质等因素选择适宜方法。

3.7.1.6　食品感官评价的方法

食品感官评价常用方法：差别检验（成对比较、三点等）、标度和类别检验（排序、评估等）、分析/描述性检验。HPCE（高效毛细管电泳）为高压直流电场分离技术，优点包括灵敏、高分辨率、快速、低成本、环保，适用于中医药、有机/无机样品检测。吴友谊等用HPCE检测苯酚中对甲苯磺酸，检测限 $0.75mg/L$。

① 味觉检验技术　是通过品尝食品，对食品质量进行评估。

② 嗅觉检验技术　是通过鼻子对食品气味进行判断，评估食品质量。一些食品具有不同的气味特征，可以通过人的嗅觉器官直接进行检测。

③ 视觉检验技术　是检测人员通过眼睛对食品外观、颜色、大小、形状等进行评估。一般检测液态食物的时候通常需要选择无色透明的容器，这样可以起到减小误差的作用。

④ 听觉检验　是通过人的耳朵来判断食品发出的声音，从而对食品进行评估，比如一些膨化食品可以通过咀嚼时是否发出清脆的声音来判断食品是否变潮等。

⑤ 触觉检验技术　是人们用手掌、皮肤等触觉器官判断质量的方法。在运用此种检验技术的时候，主要就是对食品弹力韧性、紧密度、黏稠度等方面的检验。

3.7.2　食品包装设计

3.7.2.1　食品包装的功能

食品包装是食品商品的组成部分。食品包装和食品包装盒保护食品，在食品离开工厂到消费者手中的流通过程中，防止生物的、化学的、物理的外来因素的损害，它也有保持食品本身稳定质量的功能，它既方便食品食用，又是食品外观形象，吸引消费者，具有除物质成本以外的价值。很多企业需要在包装上印上装饰性花纹、图案或文字，来使产品更有吸引力或更具说明性。好的包装，能使产品树立优质的形象，提高产品竞争力，促进产品销售。能有效加大企业的宣传力度，提高企业影响力。

（1）保护食品和延长食品的保存期

① 保护食品的外观质量可产生一定的经济效益　食品在整个流通过程中，要经过搬运、装卸、运输和储藏，易造成食品外观质量的损伤，食品经过内、外包装后，就能很好地保护食品，以免造成损坏。

② 保护食品的原有品质，延长食品的保存期　食品流通过程中，因其含营养成分和水分，易滋生细菌等导致腐败。无菌包装、高温杀菌、冷藏可防腐败，延长保存期。防潮包装防水分变化致风味变坏。避光、真空、充气包装等技术及材料也能有效延长保存期。

（2）包装食品方便流通

有的包装是食品流通的容器。如瓶装酒类、瓶装饮料、罐装罐头、袋装奶粉等，这些包装的瓶、罐和袋既是包装容器，也是食品流通和销售的移具。它给食品流通带来了极大的方便。

（3）增加方便食品品种

有的方便食品，具有地方风味，它只有经过包装后才能进行流通。生鲜食品，如速冻水饺、包装的份餐经一定的技术保存后，就可以方便人们食用。

（4）防止食品的污染

食品在流通时，要同容器和人手接触，易使食品受到污染，经过包装后的食品就能避免这种现象的发生，有利于消费者的身体健康。

（5）促进食品流通的合理性和计划性

有的生鲜食品，易腐败变质，不易远途运输，如水果和水产品等，在产地制成各种罐头，就能减少浪费，降低运输成本，并能促进食品流通的合理性和计划性。

（6）增加食品的竞争力

各种各样的食品包装可以改善商品的外观，增加食品的多样性，促进食品的分类销售。

3.7.2.2　食品包装技术背景

21 世纪食品市场的竞争在很大程度上取决于包装质量的竞争。科学技术突飞猛进，食品包装日新月异，而食品包装理念也显现出新特色，食品包装要以多样化满足现代人不同层次的消费需求；无菌、方便、智能、个性化是食品包装发展的新时尚；拓展食品包装的功能、减轻包装废弃物对环境污染的绿色包装已成为新世纪食品包装的发展趋势。

3.7.2.3　无菌包装

消费者对食品保鲜包装提出了更高要求，无菌保鲜包装成为研究热点。该技术在各国食品工业中广泛应用，不仅限于果汁饮料，还涉及牛乳、矿泉水等。英国三分之一饮料、加拿大苹果汁已采用此技术。日本研制磷酸钙纸袋包装蔬果，美国推出陶土塑料保鲜袋，均有效延长食品保鲜期。无菌包装占比大，如小袋无菌奶受欢迎，克服地域限制，去掉冷链，利于市场拓展。瑞典利乐、瑞士 SIG 康美包、美国国际纸业为纸盒无菌包装领域巨头。经济发展和生活水平提高将促进方便食品需求增长，进一步推动无菌包装发展。

3.7.2.4　绿色包装

绿色包装是指无污染、无害、可循环再生的包装，对生态环境和人体健康友好。随着人们对生态环境的关注度提高，食品的绿色环保包装成为必需。未来 10 年，绿色食品将主导市场，绿色包装则是绿色食品的通行证，对塑造品牌至关重要。世界各国都将减量、复用回收及可降解作为生态环保包装的目标。

在科研方面，清华大学和中国科学院微生物研究所已研发出用废糖蜜、基因工程菌和水解淀粉生产可生物降解塑料 PHB（聚羟基丁酸酯）及其共聚物 PHBV（聚羟基丁酸-戊酸酯）的技术，并实现了第三代 PHA 聚羟基脂肪酸酯聚羟基丁酸羟基己酸酯（PHBHHx）的规模化生产。这种生物可降解材料具有优良性能，应用前景广阔。

德国 PSP 公司开发出泡沫纸新工艺，用旧报纸和面粉制成包装材料，可代替泡沫材料。这种泡沫纸一次成型，不用化学添加剂，使用后还能回收加工。

现代超级粉体技术将原材料粉碎成超微粉，用于制备淀粉基生物降解塑料时，能显著改善材料的力学性能，提高淀粉添加量，降低成本，节约石油资源，提高生物降解率。

美国农业部农业研究局利用大豆蛋白质制成包装膜，能保持良好水分、阻止氧气进入，与食品一起蒸煮易于降解，减少环境污染，避免食物二次污染。

印度尼西亚科学家发明了用水藻制纸板的技术，纸板质量不低于普通纸板，并已商品化生产。

总之，绿色包装技术的发展和应用对保护环境、节约资源、促进可持续发展具有重要意义。

3.7.2.5　功能包装

包装科技快速发展，国内外推出多样新品。美国 FDA （US Food and Drug Administration）

批准紫外线阻隔剂用于食品包装，防紫外线影响物品品质。日本推出防腐纸和新型包装纸，分别用于高温保存和长期防霉。德国发明叶绿素染色塑料薄膜，延长绿色食品保鲜期。当前食品包装注重保鲜，新加坡、英国、德国、美国、日本、俄罗斯等国分别研制出抑菌纸、除氧材料、吸氧复合盖、新型塑料复合材料和含特殊化学物质的薄膜等创新技术，为食品保鲜提供更多选择。

3.7.2.6　智能包装

智能包装采用功能材料复合而成，能显示重要参数，有发展前途。四川好东工贸有限责任公司开发出无色透明防伪包装薄膜，在光照下显示激光全息图案和文字，适用于自动化包装线。警示包装可提示食品变质，由多孔渗水层、凝胶体层和抗体层组成。澳大利亚研制出电子警示包装，传感条变色且电子芯片警报提示食物变质。电子包装技术可帮助食品出口商跟踪监督运输温度变化。瑞典生物公司开发出运动饮料智能包装，盖子含冷冻干燥物质，激活原生物后饮用，喝后可封闭。

3.7.2.7　方便化包装

食品包装方便化是发展趋势，为满足消费者需求，行业开发了多种自动加热或冷却技术，如美国自冷式饮料罐、日本自热清酒包装等。热敏显色包装可根据食品温度显示颜色，方便判断食用时机。易开易封型包装容器如易拉罐、自封袋等逐渐取代不便的包装。加拿大新聚酯材料包装和美国改装牛乳盒也提高了便捷性。散装酥油密封包装避免称量麻烦和清洗问题。这些创新技术推动了食品包装行业的发展，提高了便捷性和安全性。

3.7.2.8　个性化包装

科技提升导致产品同质化，企业竞争转向产品形象竞争，设计需包含信息交流和情感体验，促进个性化包装发展。个性化食品包装是市场趋势。可口可乐通过个性化包装和品牌结合，成功推出奥运纪念罐。屈臣氏蒸馏水新款包装独特，吸引消费者。包装直接影响食品质量和销售，我国食品包装业需加大科技投入，开发新颖独特、环保的包装新品，满足不同层次消费需求。

食品离不开包装，包装的好坏直接影响食品的质量、档次和市场销售。我国食品包装业要融入国际食品包装新潮流，加大科技和资本的投入，开发更多功能新颖独特，既能满足现代人不同层次的消费需求，又有利于生态环境保护的包装新品。

3.8　现代食品加工技术在生产中的应用案例及分析

3.8.1　微胶囊技术

3.8.1.1　微胶囊的定义及分类

3.8.1.1.1　定义

微胶囊是由内部包埋的液体、固体或气体组分，以及外部的聚合物壁壳两部分构成的微型容器或包装体。微胶囊技术是利用天然或合成的高分子材料，把分散的固体物质颗粒、液体或气体等微量物质完全包裹在聚合物薄膜中，形成具有半透性或密封的微小粒子的技术。微胶囊技术中包裹的过程被称为微胶囊化，形成的微小粒子即为微胶囊。简单地说是一种贮存固体、液体、气体的微型包装技术。经微胶囊化的物料与外界环境隔绝，最大限度地保持原有的色香味、性能和生物活性，防止营养物质的破坏与损失。此外，还有些自身异味重的物料经加工后掩盖不愉快气味，或由不易加工储存的气态、液态转化为易储存、较稳定的固态，这样的转化很大程度上抑制或延缓了物料的劣变。

（1）芯材

微胶囊化过程中被包裹的物料称为芯材，也习惯上被称作囊心、内核、填充物，芯材可以是单一固、液、气的一种，也可以是固-液、液-液、固-固或气-液的混合物。根据芯材材料选择的不同可以设计出具有特殊用途的微胶囊产品，例如控制芯材释放速度的产品，在医药、农药、纺织、精细化工、食品香料和防腐剂上都有广泛应用，在节约芯材使用量和延长作用时间上效果显著。

（2）壁材

微胶囊外部的包覆膜称为壁材，也可称之为囊壁、包膜、壳体。合适的壁材是合格微胶囊产品的必要条件之一，微胶囊产品的物化性质会受到不同壁材的影响。无机材料和有机材料均可作为壁材使用，最常用的是高分子的有机材料，包括天然和合成两大类。

蛋白质壁材在多数的油脂微胶囊化工艺中应用较多，蛋白质分子带有的双亲基团使蛋白质分子与油滴接触时能强烈地吸附在油滴上，疏水基吸附于油滴表面，而亲水基则深入水相。蛋白质壁材的等电点需要特别注意，如果乳液的 pH 值接近蛋白质的等电点，会导致蛋白质溶解度降低、蛋白质乳化性能下降、蛋白质之间的作用力增加，最终降低蛋白质的成膜性。用于制作壁材的蛋白质有以下四种：

① 明胶　明胶（gelatin）是一种水溶性蛋白的混合物，构成动物毛皮、骨头等结缔组织的主要成分是胶原，胶原经过部分水解得到的产物就是明胶。明胶蛋白成膜性良好，胶凝后的明胶溶液具有一定的抗压性，因此用明胶为壁材制成的微胶囊具有好的弹性和抗挤压性能。明胶溶液还具有热可逆性，在小于 1% 的浓度下，遇冷可凝结成冻，受热又能转变为胶液，一般熔点为 27～31℃，低于人体温度，因而明胶微胶囊制品具有入口即化的优点。明胶可由酸法或碱法两种方法制得，酸法水解所得产品为 A 型，等电点在 8.8～9.1 之间，碱法水解所得产品为 B 型，其等电点在 4.8～5.1 之间。实际应用中，为了将明胶凝聚，可将热的明胶水溶液加到石油醚的冷溶液中，或利用明胶加热到 80℃ 会发生凝聚的性质，采用锐孔-凝固浴法包埋脂溶性物质；此外，还可利用明胶不溶于乙醇、丙酮、聚乙二醇，以及加盐时会发生盐析的性质，采用凝聚法制备微胶囊。

② 乳清蛋白　在干酪生产过程中，经浓缩制得的一类蛋白质即为乳清蛋白。主要分为浓缩乳清蛋白（WPC）和分离乳清蛋白（WPI）两大类。乳清蛋白不太适合单独作为壁材包埋大豆油，虽具有稳定乳状液的表面活性，但其稳定油滴的能力较差。在实际应用过程中，乳清蛋白常与糖类复配使用，糖类的加入会显著改善以乳蛋白为壁材的油脂微胶囊的包埋效率或氧化稳定性。

③ 酪蛋白及其盐类（酪蛋白酸钠）　牛乳中所含的酪蛋白多以胶束的形式存在，酪蛋白经碱性物质处理后会转变为溶解性良好的蛋白类亲水胶体。酪蛋白的等电点为 4.6，在制备时首先制成 O/W 型乳液，然后通过调节乳液的 pH 值，使酪蛋白在囊心表面凝聚而形成微胶囊，这种方法叫调节 pH 值的单凝聚法。另外一种主要的酪蛋白盐类是酪蛋白酸钠，酪蛋白酸钠的乳化性受环境影响较大，其在等电点时乳化性最差，在碱性环境下乳化性随 pH 值上升而提高；又因为其耐热性较好，在加热到 130℃ 以上才会被破坏，因此，在一定的 pH 值下的加热处理可以改善酪蛋白酸钠的乳化性。Faldt 等指出，酪蛋白酸钠作为微胶囊壁材，

其性能优于乳清蛋白，而在喷雾干燥过程中，酪蛋白酸钠与乳糖的组合搭配会显著提高油脂微胶囊的性能。

④ 大豆蛋白　大豆蛋白是一种分子量极大的球状蛋白，在制备 O/W 乳状液时能定向吸附到油/水界面形成较强的界面膜，但乳化油滴过程中其球状结构的受热展开导致其在水相的溶解度大大下降。因此以其为主要壁材的微胶囊产品溶解性能欠佳。经过长期研究，人们发现采用酶法改性可以解决大豆蛋白溶解性的问题，即通过酶水解打断大豆蛋白质的分子主链，既能减小分子的大小，又随着肽键的断裂使体系的亲水基团大大增加，从而提升大豆分离蛋白的溶解性，在 pH＞8.0 后可完全溶于水中，而且尚有一定的乳化能力。因此可将大豆蛋白作为水溶性微胶囊化产品的壁材。

在实际应用中，不同种类的蛋白质会表现出很大的性能差异，例如有人以麦芽糊精分别组配 3 种蛋白质（酪蛋白酸钠、明胶、大豆蛋白）制备磷脂乳状液，并对其进行喷雾干燥微胶囊化。结果表明，乳状液的油相上浮稳定性随麦芽糊精与蛋白质比例的增加而降低，其中以酪蛋白酸钠为乳化剂的乳状液稳定性最佳，因为酪蛋白酸钠与麦芽糊精有很好的亲和力，在优化的喷雾干燥条件下，所制备的微胶囊产品的主要成分可被有效包埋入壁材。

（3）微胶囊常见的形状

微胶囊形状和结构受被包埋物料结构、性质及胶囊化方法影响。芯材为固体粒子的微胶囊形状与囊内固体形状相近，芯材为气体或液体的微胶囊形状一般为球形，也有粒状、肾形、谷粒形、絮状、块状或不规则状。外部包囊的囊壁可以是典型的单核微胶囊（连续的芯材被连续的壁材包埋）、多核微胶囊（芯材被分隔成若干部分，嵌在壁材的连续相中）、多壁或多膜微胶囊（连续的芯材被双层或多层连续的壁材环绕）及复合微胶囊（用连续的壁材包裹多个微胶囊）等。

3.8.1.1.2　分类

① 缓释型微胶囊　此种微胶囊的壁材起到类似半透膜的作用，在一定条件下可允许芯材物质透过，以延长芯材物质的作用时间。根据壳材的来源不同可分为天然高分子缓释材料（明胶和羧甲基纤维素）及合成高分子缓释材料。按生物降解性能的不同，可把合成高分子缓释材料分为生物降解型和非生物降解型两大类。

② 压敏型微胶囊　待反应的芯材包裹在此类微胶囊中，当微胶囊外界环境的压力超过一定极限后，胶囊壳在压力作用下破裂释放芯材，随环境变化，芯材物质产生化学反应而显出颜色或是发生别的现象。

③ 热敏型微胶囊　此种微胶囊是受到温度影响产生相应的结构变化，从而适应特殊的工业加工要求。一种由于温度升高使壳材软化或破裂释放出芯材物质，另一种是芯材物质由于温度的改变而发生分子重排或几何异构而产生颜色的变化。

④ 光敏型微胶囊　壳材破裂后，芯材中的光敏物质选择性吸收特定波长的光，发生感光或分子量跃迁而产生相应的反应或变化。

⑤ 膨胀型微胶囊　采用热塑性的高气密性物质作为壁材包裹易挥发的低沸点芯材，当温度高于溶剂的沸点后，溶剂蒸发而使胶囊膨胀，冷却后胶囊依旧维持膨胀前的状态。

3.8.1.1.3　微胶囊的作用

微胶囊具有改善和提高物质性能的能力，确切地说，微胶囊能够以微细状态保存物质，而在需要时可以方便地释放。微胶囊可转变物质的颜色、形状、质量、体积、溶解性、压敏性、酸敏性以及光敏性。微胶囊技术对食品工业的贡献主要包括以下几点。

（1）改变物料的状态、质量、体积和性能

这是在食品工业中应用最早、最广泛的微胶囊功能。将不易加工贮存的气体、液体原料转化为固体粉末状态，从而提高其溶解性、流动性和贮藏稳定性，还能简化食品生产工艺，开发出新产品，如粉末香精、粉末食用油脂等。液态物质微胶囊化而成的细粉状产物称拟固体，在使用上具有固体特性，但仍然保留液体内核，能够使液态物质在需要的时间破囊而出，使用方便而精确，运输、贮存、使用都得到简化，例如，将液体油脂作为芯材，选择适当的壁材，运用微胶囊技术就可产生固体粉末油脂，添加于各种食品原料中，非常方便。

（2）保护敏感成分，增强稳定性，掩盖不良气味

微胶囊可防止某些不稳定的食品辅料挥发、氧化、变质，提高敏感性物质对环境因素的耐受力，使其免受外界不良因素如紫外辐射、氧气、温度、湿度、pH 值等因素的影响，有利于保持物料特性和营养，减少敏感性物料与外界环境的接触时间，提高其加工贮藏时的稳定性并延长产品的货架寿命。有些食品添加剂，因带异味和色泽而影响被添加食品的品质，如果将其微胶囊化，可掩盖其不良风味、色泽，改变其在食品加工中的食用性。例如大蒜所含挥发性油中的大蒜辣素和大蒜辛素在光线、温度的影响下易于氧化，并对消化道黏膜有刺激性。将大蒜挥发油制成大蒜素微胶囊后可提高其抗氧化能力，增加贮藏稳定性，并掩盖强烈的刺激性辣味，而其生理活性不变。胶囊化还可以抑制香辛料等风味物质的挥发，延长其风味滞留期，减少其在加工、保藏中的损失，降低成本。

（3）隔离活性成分，使易于反应的物质处于同一体系且相互稳定

运用微胶囊技术，将可能互相反应的组分分别制成微胶囊产品，使它们稳定在一个体系中，各种有效成分有序释放，分别在相应的时间发生作用，以提高和增进食品的风味和营养。例如有些粉状食品对酸味剂十分敏感。因为酸味剂吸潮会引起产品结块，而且酸味剂所在部位 pH 值变化很大，导致周围色泽变化，使整包产品外观不雅。将酸味剂微胶囊化以后，可延缓与敏感成分的接触和延长食品保存期限。

（4）改变物料密度

根据需要使物料经微胶囊化后质量增加，下沉性提高。或者制成含空气的胶囊而使物料密度下降，让高密度固体物质能漂浮在水面上。这一技术对生产高档水产品饵料十分有用。

（5）控制囊心的释放时机

释放是微胶囊的重要功能之一。一般来说，微胶囊的体积小，比表面积大，有利于囊心释放。但有时又希望它缓慢释放，例如微胶囊乙醇保鲜剂，在封闭包装中缓缓释放乙醇以防止霉菌生长。因此改变壁材时，可以使囊心物质在一定条件下即刻释放出来，也可以特定速度在一定时间段内逐渐释放出来，有的则随着条件的改变而吸收或释放某种物质，以达到调节的目的。如可使一些营养素在胃或肠中释放，有效利用营养成分。控制囊心的释放还包括风味物质的释放，减少其在加工过程中的损失，降低生产成本。如焙烤制品和糖果用香精经微胶囊化处理，在生产加工过程中的香气损失可减少一半以上。利用这一功能，还可以起到隔离活性成分和缓释的作用。

（6）隔离组分，降低食品添加剂的毒理作用

由于微胶囊化能提高敏感性食品物料（如添加剂）的稳定性，并且具有控制释放的特点，可通过适当的设计，控制芯材的生物可利用性，尤其是化学合成添加剂，对其进行包埋，对于减少其毒理作用和降低其添加量显得尤为重要。例如，未微胶囊化和微胶囊化的乙酰水杨酸对小鼠的 LD_{50} 值分别是 $1750mg/kg$ 和 $2823mg/kg$，后者比前者提高了 60%。

3.8.1.2 微胶囊的性质

（1）粒度分布

微胶囊的粒度决定其变化范围，粒度不均匀，变化范围也较宽，而工艺参数的变化会直接影响到最终产品的粒度，如乳化条件、反应原料的化学性质、聚合反应的温度、黏度、表面活性剂的浓度和类型、容器及搅拌器的构造、有机相和水相的量等。一般用显微镜和计数器等方法测定粒度的分布。

（2）微胶囊壁厚度

微胶囊壁厚度与制法有关，采用相分离法可制得微米级微胶囊壳，采用界面聚合法可制得纳米级微胶囊壳。微胶囊壳厚度与微胶囊制法、胶囊粒度、胶囊材料含量和密度以及反应物的化学结构有关。

（3）微胶囊壁的渗透性能

微胶囊壁的渗透性是胶囊最重要的性能之一。在不同的情况下要求微胶囊有不同的渗透性，为防止芯材流失或防止外界材料的侵袭，要求囊壁具有较低的渗透性；而要使芯材能缓慢释放或控制释放速度，则要求囊壁具有一定的渗透性。如香料微胶囊在食品中应用时要求为低渗透性，只有在溶解、受压条件下才释放，而在一些香味包装中应用时，要求有持久缓慢的释放性能。微胶囊的渗透性与囊壁厚度、囊壁材料种类、芯材分子量大小等因素都有关。

（4）芯材的释放性能

控释技术首先被应用于制药工业，现已广泛应用于食品中。控释是指一种或多种活性物质的成分以一定的速率在指定的时间和位置释放。微胶囊芯材的释放可分为瞬时打破释放和缓慢释放两种情况，此处主要针对后一种释放进行探讨。

3.8.1.3 微胶囊的质量评价

（1）溶出速度

通过微胶囊溶出速度的测定可直接反映芯材的释放速度，溶出速度是评定微胶囊质量的重要指标之一。溶出速度的测定一般是根据具体产品的具体形式来考虑，目前在食品工业中，由于微胶囊应用的时间较短，至今尚没有形成一种专项的方法，只能借助其他行业的类似方法进行。例如测定片剂药物中微胶囊产品溶出速度的转篮式释放仪，或片剂仪及烧杯法等。

（2）芯材含量的测定

芯材含量是评定微胶囊产品质量的重要指标之一，所用的方法需视具体产品以及不同的芯材性质作具体选择。如对挥发油类微胶囊的含量测定，通常是以索氏提取法来计算含油量。对其他类型的微胶囊产品也可以采用溶剂提取法或水提取法等来进行。

（3）微胶囊的包埋率和包埋量

包埋率即芯材真正被胶囊化包埋的比例。因为有部分芯材会裸露于表面，也有些胶囊有裂纹。测定方法是先用有机溶剂清洗微胶囊粉末，洗去未被包埋的芯材，再将洗过的胶囊溶于水，再用蒸馏法或有机溶剂萃取法测定释放出的芯材，包埋率越高越好。

包埋量即芯材与壁材的比例。芯材比例大，则生产效率降低，成本低，但其他方面效果下降。

（4）微胶囊尺寸大小的测定

微胶囊的外形一般为圆球形或卵圆形，其大小测定方法可采用显微镜法，观测 625 个微胶囊，分别测定并计算其大小，对于非球形微胶囊，应在显微镜上另加特殊装置。

3.8.1.4　微胶囊的制备方法

3.8.1.4.1　微胶囊的制备步骤

尽管微胶囊化的方法多种多样，但是其大致过程可分为以下四个步骤（图 3-19）：

① 芯材在介质中分散　将预先分细的芯材分散于微胶囊化介质内悬浮。

② 加入壁材　将壁材导入含有芯材的介质中分散，建立三相体系。

③ 含水壁材沉积　通过某种微胶囊化方法，将壁材凝聚、聚集、沉积、涂层或包裹在分散的芯材周围，形成初级微胶囊。

④ 囊壁固化　上述形成的微胶囊囊壁一般不太稳定，尚需要通过化学或物理方法进行硬化处理，以达到一定的机械强度。

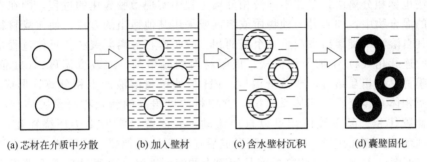

(a)芯材在介质中分散　　(b)加入壁材　　(c)含水壁材沉积　　(d)囊壁固化

图 3-19　微胶囊化的基本步骤

3.8.1.4.2　食品微胶囊技术的分类

到目前为止，所报道的用于制备微胶囊的方法很多，有 200 多种，这些方法在细节方面各不相同。微胶囊化方法的分类主要有三种：根据涂层方法进行分类，根据悬浮介质的性质进行分类，根据微胶囊壁材的原料类别进行分类。采用常用的根据涂层方法进行分类，可分为化学法、物理法（机械法）和物理化学法三种。

① 化学法　主要利用单体小分子发生聚合反应生成高分子或膜材料并将芯材包覆，主要包括界面聚合法和原位聚合法、辐射包囊法等，其中前两种方法应用较为广泛。

② 物理法　是利用物理和机械原理的方法制备微胶囊，主要有喷雾干燥法、包结络合法、挤压法、溶剂蒸发法、静电结合法、真空蒸发沉积法和流化床涂层法等。

③ 物理化学法　是通过改变条件（温度、pH 和电解质等），使溶解状态的成膜材料从溶液中聚沉出来，并将囊心包裹形成微胶囊的方法，主要包括相分离法（可称为凝聚法）、复相乳液法、熔化分散冷凝法、粉末床法、囊心交换法等。

（1）化学法——界面聚合法

界面聚合反应是将两种含有双（多）官能团的单体分别溶解在不相混溶的两种液体中，在两相界面上两种单体接触后发生缩聚反应，几分钟后即可在界面上形成缩聚产物的薄膜或皮层。这种缩聚纤维可以连续抽拉成薄膜或长丝，而在暴露出的新界面上继续进行缩聚反应，直到单体完全耗尽为止。

界面聚合法微胶囊化产品很多，例如甘油、水、药用润滑油、胺、酶、血红蛋白等。由于这种方法中所用的壁材均不具有可食性，因此在食品工业中还有待开发。

（2）物理法——喷雾干燥法

喷雾干燥法是目前国内外使用最普遍的微胶囊化方法。其原理是将微细化芯材稳定地乳化分散于包囊材料的溶液中形成乳化分散液，然后通过雾化装置将此乳化分散液在干燥的热气流中雾化成微细液滴，溶解壁材的溶剂受热迅速蒸发，从而使包囊在微细化芯材周围形成一种具有筛分作用的网状膜结构，分子较大的芯材被保留在形成的囊膜内，而壁材中的水或其他溶剂等小分子物质因热蒸发而透过网孔顺利移出，使膜进一步干燥固化，得到干燥的粉粒状微胶囊。

喷雾干燥法的主要优点：操作简单，生产成本低；生产过程是密闭式的，避免粉尘飞扬、污染环境；产品溶解性好，稳定性好；干燥速率高、时间短，适合工业化生产；物料温度较低，适合热敏性物料的干燥。

（3）物理化学法——凝聚法

凝聚法也称相分离法，是在不同液相分离过程中实现微胶囊化的过程，即在囊心物质与包囊材料的混合物中，加入另一种物质或溶剂或采用其他适当的方法，使包囊材料的溶解度降低，使其自溶液中凝聚出来产生一个新的相，故叫作相分离凝聚法。具体过程是在分散有囊心材料的连续相（a）中加入无机盐、成膜材料的凝聚剂，或改变温度、pH 值等方法诱导两种成膜材料间相互结合，或改变温度、pH 值使壁材溶液产生相分离，形成两个新相，使原来的两相体系转变成三相体系（b），含壁材浓度很高的新相称凝聚胶体相，含壁材很少的称稀释胶体相。凝聚胶体相可以自由流动，并能够稳定地逐步环绕在囊心微粒周围（c），最后形成微胶囊的壁膜（d）。壁膜形成后还需要通过加热、交联或去除溶剂来进一步固化（e）（如图 3-20 所示）。收集的产品用适当的溶剂洗涤，再通过喷雾干燥或流化床等干燥方法，使之成为可以自由流动的颗粒状产品。此法可制得十分微小的胶囊颗粒（颗粒 $<1\mu m$）。

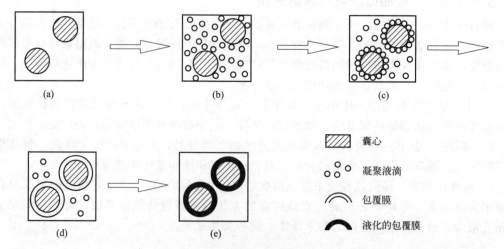

图 3-20　凝聚法制备微胶囊的过程

根据分散介质不同，凝聚法分为水相分离法和油相分离法两种。在水相分离法中，芯材为疏水性物质，壁材为水溶性聚合物，凝聚时芯材自水相中分离出来，形成微胶囊；在油相分离法中，芯材和壁材的性质相反，芯材为水溶性物质，壁材为疏水性物质，凝聚相自疏水性溶液中分离出来而形成壁膜。而水相分离法又据成膜材料的不同分为复相凝聚法和单相凝聚法。

3.8.2 微波技术

3.8.2.1 概述

微波是指波长在 1mm～1m（其相应频率为 300～300000MHz）的电磁波。微波技术是通过电磁波向被加热物体传播能量，使得被加热物体内部的热量达到生产所需要求。常用的微波频率有 915MHz 和 2450MHz。无线电波、红外线、电视信号等均属于电磁波，只是在波长、频率或用途上有所区别。

我国从 20 世纪 70 年代开始进行微波技术的研究与开发。目前，微波技术已经在食品加热、烹调、烫漂、烘烤、焙烤等加工领域得到了相当广泛的应用，随着技术的成熟，微波技术在食品干燥中的应用也将会得到越来越多的关注。

3.8.2.2 微波加热的原理和特性

3.8.2.2.1 微波加热原理

通常，被加热介质是由一端带正电荷、另一端带负电荷的分子所组成的。在微波电磁场的作用下，这使本来作杂乱运动无规律排列的分子重新进行排列，带正电一端向负极，带负电一端向正极，变成了有一定取向的偶极子。介质中的偶极子极化越激烈，介电常数就越大，介质中储存的能量也就越多。

物料中的水分能大量吸收微波能并转化为热能，使物料的升温和水分的蒸发在物料中同时进行。在物料表面，蒸发冷却的进行使物料表面温度低于内部温度；同时，物料内部的热量会产生蒸汽，与外部形成压力梯度。初始含水率越高，内部压力上升得越快，压力梯度对水分的排除能力越强，驱使水分向表面迁移，加快干燥速度。由此可见，微波处理使得温度梯度、传热和蒸气压的迁移方向一致，大大改善了水分迁移的干燥条件。

3.8.2.2.2 微波加热的特点

（1）加热速度快

因为微波可以透入食品物料内部，干燥速度快，干燥时间短，仅需传统加热方法的 1/100～1/10（几分之一或几十分之一）的时间，因而提高了生产率，加速了资金周转。

（2）样品加热均匀，温度梯度小

微波加热的最大特点是，微波是在被加热物内部产生的，热源来自物体内部，物料里外一起加热，加热均匀，不会造成"外焦里不熟"的夹生现象，有利于提高产品质量。此时，物料内部的水蒸气压力升高，驱动水蒸气向物料表面排出，物料内部首先干燥，并逐渐向外层扩展。微波加热的惯性很小，可以实现温度升降的快速控制。而在微波加热过程中热是由材料内部透过材料表面向周围空间传递，表面温度低于中心温度，试样整体加热，温度梯度小，温度梯度方向和水分梯度方向相同，即热量传导方向与蒸汽迁移方向一致，可以促使水分迅速蒸发。

（3）低温杀菌，保持营养

微波加热杀菌是通过热效应和非热效应（生物效应）共同作用杀菌，因而与常规热力杀菌比较，具有低温、短时杀菌特点。

（4）微波对物质具有选择性加热的特点

不同的物质对微波的吸收是不同的，物质吸收微波能的能力取决于自身的介电特性，因此可对混合物料中的各个组分进行选择性加热。

（5）节能高效

微波对不同物质有不同的作用，微波加热时，物料本身作为发热体，设备本身可以不辐射热量，避免了环境高温。被加热物一般都是放在金属制造的加热室内，加热室对微波来说是个封闭的空腔，微波不能外泄；外部散热损失少，只能被加热物体吸收，加热室的空气与相应的容器都不会发热，没有额外的热能损耗，所以热效率极高。

（6）易于控制，实现自动化生产

微波加热干燥设备只要操作控制旋钮即可瞬间达到升降开停的目的。因为在加热时，只有物体本身升温，炉体、炉膛内空气均无余热，因此热惯性极小，没有热量损失，应用微机控制可对产品质量自动监测，特别适宜于加热过程和加热工艺规范的自动化控制。

3.8.2.2.3　微波在工业中的应用

（1）微波加热对食品营养成分的影响

① 对蛋白质的影响　研究显示，适当的微波处理还能提高大豆蛋白的营养价值。动物实验显示，给小鼠分别喂食经微波处理的大豆和未经微波处理的大豆，发现喂食微波处理大豆的小鼠，其体重增加明显较快，其中又以喂食微波处理12min大豆的小鼠体重增加最快，喂食微波处理15min大豆的较慢。其原因同样可能归因于美拉德反应中褐色物质的形成。

② 对食品中脂肪的影响　大豆经微波处理后，其总脂类含量明显增加，15种三酰甘油酯分子依然存在，其脂肪酸组成在数量和质量上也无明显变化。微波加热可显著降低大豆脂肪氧化酶的活性，提取大豆油时，若在碾磨之前先用微波进行预处理，有助于防止大豆中富含的不饱和脂肪酸被脂肪氧化酶氧化，最终提高大豆油的营养价值。

③ 对食品中糖类的影响　食品中的糖类在微波环境中会发生一系列的反应，如美拉德反应、焦糖化反应等。美拉德反应所产生的褐色物质会影响大豆蛋白的消化率。微波处理的甘薯中乙醇溶性的糖类总含量、还原糖类及糊精含量均比对流炉处理的甘薯少，而淀粉含量则恰好相反。

（2）微波在食品工业中的应用

微波技术作为一种现代高新技术在食品中的应用越来越广泛。应用微波技术对食品进行加热杀菌、干燥、烘烤、膨化、升温解冻是微波在食品工业中应用的一个主要方面。它最突出的优点是加热速度快、时间短、均匀、卫生、节能、方便等。

3.8.3　超微粉碎技术

3.8.3.1　概述

超微粉碎技术是指利用机械或流体动力的方法克服固体内部凝聚力使之破碎，从而将3mm以上的物料颗粒粉碎至 $10\sim25\mu m$ 以下的微细颗粒，使产品具有界面活性，呈现出特殊的功能的技术。与传统的粉碎、破碎、碾碎等加工技术相比，超微粉碎产品的粒度更加微小。

超微粉碎技术通常又可分为微米级粉碎（$1\sim100\mu m$）、亚微米级粉碎（$0.1\sim1pm$）、纳米级粉碎（$0.001\sim0.1\mu m$，即 $1\sim100nm$），在天然动植物资源开发中应用的超微粉碎技术一般达到微米级粉碎即可使其组织细胞壁结构破坏，获得所需的物料特性。

原理：超微粉碎是基于微米技术原理，通过对物料的冲击、碰撞剪切、研磨等手段，施加冲击力、剪切力或几种力的复合作用，部分地破坏物质分子间的内聚力，来达到粉碎的目的。

超微粉碎的特点是：①速度快，时间短，可低温粉碎；②粒径细且分布均匀；③节省原料，提高利用率；④减少污染。

3.8.3.2　超微粉碎的基本理论

（1）原料的基本特性

① 物料粒度　物料颗粒的大小称为粒度，它是粉碎程度的代表性尺寸。对于球形原料来说，其粒度即为直径。对于非球形颗粒，则有以面积、体积或质量为基准的各种名义粒度表示法。

② 粉碎级别　根据被粉碎物料粒度和成品粒度的大小，粉碎可分为粗粉碎、中粉碎、微粉碎和超微粉碎四种。

③ 物料的力学性质

a. 硬度　它是指物料抗变形的阻力。硬度越高，表明物料抵抗弹性变形的能力越大。将抗压强度大于 $2500kg/cm^2$ 者称为坚硬物料，在 $400\sim2500kg/cm^2$ 范围者称为中硬物料，小于 $400kg/cm^2$ 的物料称为软物料。物料的硬度是确定粉碎作业程序，选择设备类型和尺寸的主要依据。

b. 强度　强度是指物料抵抗破坏的阻力，一般用破坏应力表示，即物料破坏时单位面积上所受的力，用 N/m^2 或 Pa 来表示。一般来说，原子或分子间的作用力随其间距而变化，并在一定距离处保持平衡，而理论强度即是破坏这一平衡所需要的能量，可通过能量计算求得。

c. 脆性　脆性与塑性相反。脆性材料抵抗动载荷或冲击的能力较差，采用冲击粉碎的方法可有效使它们粉碎。

d. 韧性　它是一种介于柔性和脆性之间的抵抗物料裂缝扩展能力的特性。材料的韧性是指在外力的作用下，塑性变形过程中吸收能量的能力。吸收的能量越多，韧性越好，反之亦然。

（2）粉碎机理

绝大多数固体物质都是借助于化学键将质点联系在一起的，那么它们的变形与破坏也必然与化学键的类型及其力学性质有密切关系。物料粉碎时所受到的作用力包括挤压力、冲击力和剪切力（摩擦力）三种。根据施力种类与方式的不同，物料粉碎的基本方式包括压碎、劈碎、折断、磨碎和冲击破碎等形式（图 3-21）。

① 压碎　压碎是指物料受平面间缓慢增加的压力作用，使之由弹性变形或塑性变形而至破裂粉碎。物料在两个工作面之间受到相对缓慢的压力而被破碎。因为挤压力作用较缓慢均匀，故物料粉碎过程较均匀，这种粉碎方式多用于脆性大块物料，具有韧性或塑性的物料，则可产生片状，例如轧制麦片、米片以及油料轧片等。

② 劈碎　劈碎是指物料受楔状工具的作用而被分裂。多用于脆性物料的破碎。

③ 折断（剪碎）　物料在两个工作面之间，如同承受载荷的两支点（或多支点）梁，除了在作用点受劈力外，还发生弯曲折断。多用于硬、脆性大块物料的破碎，例如榨油残渣油饼、玉米穗等的粉碎。

④ 磨碎　磨碎是指物料在两个研磨体之间受到摩擦、剪切作用而被磨削为细粒。与施

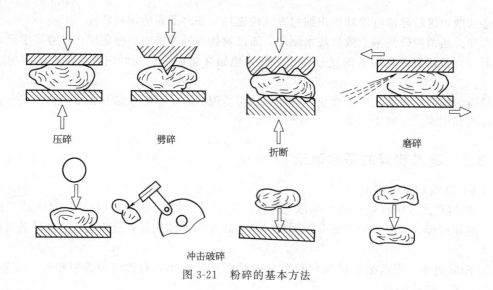

图 3-21　粉碎的基本方法

加强大粉碎力的挤压和冲击粉碎不同，磨碎是靠研磨介质对物料颗粒表面的不断磨蚀而实现粉碎的。

⑤ 冲击破碎　冲击破碎是指物料在瞬间受到外来的冲击力而被破碎，这种粉碎过程可在较短时间内发生多次冲击碰撞，每次冲击碰撞的粉碎实际上是在瞬间完成的。

3.8.3.3　超微粉碎技术在食品工业中的应用

（1）原料加工

蔬菜在低温下磨成微膏粉，既保存了营养素，其纤维质也因微细化而口感更佳。例如，人们一般将其视为废物的柿树叶富含维生素 C、芦丁、胆碱、黄酮苷、胡萝卜素、多糖、氨基酸及多种微量元素，若经超微粉碎加工成柿叶精粉，可作为食品添加剂制成面条、面包等各类柿叶保健食品，也可以制成柿叶保健茶。另外，柿叶茶不含咖啡碱，风味独特，清香自然。可见，开发柿叶产品，可变废为宝，前景广阔。

（2）调味品加工

超微粉碎技术作为一种新型的食品加工方法可以使传统工艺加工的香辛料、调味产品（主要指豆类发酵固态制品）更加优质。超微粉碎技术的相应设备兼备包覆、乳化、固体乳化、改性等物理化学功能，为调味产品的开发创造了现实前景。

（3）功能性食品加工

功能性食品中真正起作用的成分称为生理活性成分，富含这些成分的物质即为功能性食品基料（或称为生理活性物质）。

膳食纤维是一种重要的功能性食品基料，它具有重要的生理功能：使粪便变软并增加其排出量，起到预防便秘、肠憩室、痔和下肢静脉曲张的作用；能降低血清胆固醇，预防由冠状动脉硬化引起的心脏病；能防治肥胖症等。

3.8.4　非热加工技术

3.8.4.1　食品辐照技术的概念及特点

食品辐照技术（food irradiation）是利用原子能射线的辐射能量照射食品或原材料，进行杀菌、杀虫、消毒、防霉等加工处理，抑制根类食物的发芽和延迟新鲜食物生理过程，以达到延长食品保藏期的方法和技术。所用原子能射线主要有 γ 射线或电子加速器产生的低于 10MeV 的电子束。经过这种技术处理的食品就称为辐照食品，GB 18524—2016《食品安全国家标准　食品辐照加工卫生规范》定义食品辐照为利用电离辐射在食品中产生的辐射化学与辐射微生物学效应而达到抑制发芽、延迟或促进成熟、杀虫、杀菌、灭菌和防腐等目的的辐照过程。

食品辐照已经成为一种新型、有效的食品保藏技术，与传统的加工保藏技术如加热杀菌、化学防腐、冷冻、干制等相比，辐射技术有其无法比拟的优越性。与加热杀菌技术相比，辐照处理过程食品内部温度不会增加或增加很小，因此有"冷杀菌"之称。

3.8.4.2　食品的辐照效应

射线照射时引起食品及食品中的微生物、昆虫等发生一系列的物理、化学和生物学变化，这些反应称为辐照效应，主要有物理效应、化学效应和生物学效应。保藏食品主要是利用辐照的生物学变化，辐照处理可以使危害食品的微生物、昆虫的新陈代谢改变，生长发育受到抑制或破坏。

3.8.4.2.1　食品辐照物理效应

原子能射线（γ 射线）都是高能电磁辐射线"光子"，与被照射物原子相遇，会产生不同的效应。

① 光电效应　低能电子与吸收物质原子中的束缚电子相碰撞时，光子把全部能量传给电子，使其摆脱原子的束缚成为光电子，而光子自身被吸收，这种效应称为光电效应。

② 康普顿效应　如射线的光子与被照射物的电子发生弹性碰撞，当光子的能量略大于电子在原子中的结合时，光子把部分能量传递给电子，自身的运动方向发生偏转，朝着另一方向散射，获得能量的电子（也称康普顿电子），从原子中逸出，上述过程称康普顿效应。

③ 电子对效应　当射线的光子能量大于两个电子的静止质量能（1.022MeV）时，它可与物质相互作用，产生一对正负电子而其本身消失，这就是电子对效应。

④ 感生放射　射线能量大于某阈值，射线对某些原子核作用会射出中子或其他粒子，因而使被照射物产生了放射性，称为感生放射性。能否产生感生放射性，取决于射线的能量和被辐照物质的性质。食品辐照源的能量水平一般不得超过 10MeV。

3.8.4.2.2　食品辐照的化学效应

食品经辐照处理后可能发生的化学变化，除了涉及食品本身及包装材料以外，还有附着在食品上的微生物、昆虫等生物体。食品及其生物有机体的主要化学变化是水、蛋白质、脂类、糖类及维生素等发生变化，这些化学物质分子在射线的辐照下会发生一系列的化学变化。辐照对食品的化学作用一般可分为两种效应：直接效应和间接效应。

（1）直接效应

直接效应是指通过射线与物质直接接触，或是高能射线粒子与细胞和亚细胞结构撞击，使物质形成离子、激发态分子或分子碎片的过程。直接效应适用于微生物和其他单细胞生物，并且在动力学上得到印证。

直接辐射可以用生物学家提出的靶学说来描述，靶学说认为由于电离粒子击中了某些分子或细胞内的特定结构，其在其中发生电离，从而引发生物大分子失活、基因突变和染色体突变。一般来说，在含水量很少的干燥食品或冷冻组织中，直接效应为辐照效应的主要作用方式。

（2）间接效应

间接效应主要发生在食品物质的水相中，是指机体内含有的水分受到辐照电离激活后，产生的中间产物与食品中其他组分或有机体的分子间相互作用所引起的辐照效应。

（3）辐射对食品成分的影响

有机化合物因辐射而分解的产物很复杂，其取决于原物质的化学性质和辐照条件。有的由于辐射，从高分子物质裂解成低分子物质；有的则相反，由低分子物质聚合成高分子物质。以下就辐射对食品中的主要成分所产生的影响做一概述。

① 氨基酸和蛋白质　氨基酸经辐射后，可鉴定的生成物及生成物的数量都因氨基酸的种类、辐射剂量、氧和水分的存在与否等因素而发生变化。

蛋白质随着辐射剂量的不同，会因巯基氧化、脱氨基、脱羧、芳香族和杂环氨基酸游离基氧化等而引起其一级、二级和三级结构发生变化，导致分子变性，发生凝聚、黏度下降和溶解度降低、蛋白质的电泳性质及吸收光谱等变化。

② 酶　酶是生活机体组织中的重要成分。由于酶的主要组分是蛋白质，所以一般认为辐射对酶的影响基本与蛋白质的情况相似，如变性作用等。酶的辐射敏感性受 pH 和温度的影响，并且也受共存物质的保护。

在无氧条件下，干燥的酶经过辐照后的失活在不同种酶之间，一般变化不大；但在水溶液中，其失活过程因酶的种类不同而有差别。

③ 糖类　在食品辐射保藏的剂量下，一般所引起的糖类物质性质的变化极小。

3.8.4.3　辐照在食品保藏中的应用

3.8.4.3.1　果蔬类

水果辐照的目的主要是防止微生物的腐败作用，控制害虫感染及蔓延；延缓成熟期，防止老化。

蔬菜的辐照处理主要是抑制发芽，杀死寄生虫。为了获得更好的贮藏效果，蔬菜的辐照处理常结合一定的低温贮藏或其他有效的贮藏方式。

3.8.4.3.2　谷物及其制品

谷物制品辐照处理的主要目的是控制虫害及霉烂变质。杀虫效果与辐照剂量有关，0.1～0.2kGy 辐照可以使昆虫不育，1kGy 可使昆虫几天内死亡，3～5kGy 可使昆虫立即死亡。抑制谷类霉菌蔓延的辐照剂量为 2～4kGy，小麦面粉经 1.75kGy 剂量辐照处理可在 24℃ 以下保质 1 年以上，大米可用 5kGy 辐照剂量进行霉菌处理，但剂量过高时大米颜色会变暗。

3.8.4.3.3　香辛料和调味品

天然香辛料容易生虫长霉，传统的加热或熏蒸消毒法有药物残留，且易导致香味挥发甚至产生有害物质。辐照处理可避免引起上述不良效果，控制昆虫侵害，减少微生物的数量，保证原料的质量。

3.8.4.4　影响食品辐照的因素

3.8.4.4.1　辐照剂量

根据各种食品辐照目的及各自的特点，选择最合适辐照剂量范围是食品辐照的首要问题。剂量等级影响微生物、虫害等生物的杀灭程度，也影响食品辐照的物理化学效应，两者都要兼顾。一般来说,剂量越高,食品保藏时间越长。

3.8.4.4.2 食品接受辐照时的状态

由于食品种类繁多,同种食品其化学组成及组织结构也有差异。污染的微生物、虫害等种类与数量以及食品生长发育阶段、成熟状况、呼吸代谢的快慢等,对辐照效应也影响很大。如大米的品质、含水量不仅影响剂量要求,也影响辐照效果。同等剂量,品质好的大米,味道变化小,品质差的大米,味道变化大。用牛皮纸包装的大米,若含水量在 15% 以下,2kGy 剂量可延长保藏期 3~4 倍;若大米含水量在 17% 以上,剂量低于 4kGy,就不可能延长保藏期。上等大米的变味剂量极限是 0.5kGy,中、下等大米的变味剂量极限只有 0.45kGy。

3.8.4.4.3 辐照过程环境条件

(1)温度

辐射杀菌中,在接近常温的范围内,温度对杀菌效果的影响不大。一般认为,在冰点以下,辐射不产生间接作用或间接作用不显著,因此,微生物的抗辐射性会增强。不过,在冻结工艺控制不当时,由于细胞膜受到损伤,微生物对辐射的敏感性也会增强。

(2)氧的含量

辐射时是否需要氧,要根据辐射处理对象、性状、处理的目的和贮存环境条件等加以综合考虑。

(3)含水量

在干燥状态下照射,生成的游离基团失去了水的连续相而变得不能移动,游离基团等的辐射间接作用就会随之降低,因而辐射作用显著减弱。

3.8.5 超高压技术

3.8.5.1 超高压技术的概念

3.8.5.1.1 超高压技术的基本概念

食品超高压技术是指将软包装或散装的食品放入密封的、高强度的施加压力容器中,以水和矿物油作为传递压力的介质。施加高静压(100~1000MPa),在常温或较低温度(低于100℃下)维持一定时间后,达到杀菌、物料改性、产生新的组织结构、改变食品的品质和改变食品的某些物理化学反应速度目的的一种加工方法。

3.8.5.1.2 超高压技术及其加工食品的特点

与传统灭菌技术相比较,超高压技术处理食品有以下优点:第一,超高压处理不会使食品色、香、味等物理特性发生变化,不会产生异味,加压后食品仍保持原有的生鲜风味和营养成分;第二,超高压处理可以保持食品的原有风味,为冷杀菌,这种食品可简单加热后食用,从而扩大半成品食品的市场;第三,超高压处理后,蛋白质的变性及淀粉的糊化状态与加热处理有所不同,从而获得新物性的食品;第四,超高压处理是液体介质短时间内等同压缩过程,从而使食品灭菌均匀、瞬时、高效,且比加热法耗能低。

3.8.5.2 超高压技术的原理

3.8.5.2.1 超高压技术的基本原理

超高压加工食品是一个物理过程,在食品超高压加工过程中遵循两个基本原理,即帕斯卡原理和勒夏特列（Le Chatelier）原理。根据帕斯卡原理，在食品超高压加工过程中，外加在液体上的压力可以在瞬时以同样的大小传递到食品的各个部分。由此可知，超高压加工的效果与食品的几何尺寸、形状、体积等无关，在超高压加工过程中，整个食品将受到均一的处理，压力传递速度快，不存在压力梯度，这不仅使得食品超高压加工的过程较为简单，而且能量消耗也明显降低。

3.8.5.2.2 超高压杀菌的原理

（1）改变细胞形态

极高的流体静压会影响细胞的形态，包括细胞外形变长、细胞壁脱离细胞膜、无膜结构细胞壁变厚等。上述现象在一定压力下是可逆的，但当压力超过某一点时，便不可逆地使细胞的形态发生变化。

（2）影响细胞生物化学反应

超高压从两方面影响生物反应体系：一是减少分子间空隙；二是增加分子间的链式反应。按照化学反应的基本原理，加压有利于促进反应朝向减小体积的方向进行，推迟了增大体积的化学反应，由于许多生物化学反应都会产生体积上的改变，所以加压将对生物化学过程产生影响。

（3）影响细胞内酶活力

高压还会引起主要酶系的失活，一般来讲压力超过 300MPa 对蛋白质的变性将是不可逆的，酶的高压失活是通过改变酶与底物的构象和性质而起作用，蛋白质的三级结构是形成酶活性中心的基础，超高压作用导致三级结构崩溃时，使酶活性中心的氨基酸组成发生改变或丧失活性中心，从而改变其催化活性。

（4）高压对细胞膜的影响

超高压主要损伤微生物的细胞膜。在高压下，细胞膜磷脂分子的横切面减小，细胞膜双层结构的体积随之减小，细胞膜的通透性将被改变。如果细胞膜的通透性过大，将引起细胞死亡。

（5）高压对细胞壁的影响

细胞壁为细胞提供一个细胞外网架，赋予细胞以刚性和形状。$20 \sim 40MPa$ 的高压力能使较大细胞的细胞壁因受应力机械断裂而松解，原生质体溶解。这也许对真菌类微生物来说是主要的因素，而真核微生物一般比原核微生物对压力敏感。

3.8.5.2.3 影响超高压杀菌的主要因素

在超高压杀菌过程中，由于食品成分和组织状态十分复杂，因此要根据不同的食品对象采取不同的处理条件。一般情况下，影响超高压杀菌的主要因素有压力大小、加压时间、加压温度、pH 值、食品成分、微生物种类及生长阶段、水分活度等。

（1）压力大小和加压时间

一般情况下，压力越高，杀菌效果越好；在相同压力下，延长加压时间并不一定能提高杀菌效果。

（2）温度

通常情况下，在常温以上的温度范围内，温度升高会增强高压杀菌的效果；但实验也证实，低温下的高压处理具有较常温下高压处理更好的杀菌效果。

（3）pH 值

不同微生物对 pH 值的要求不一样，不同的微生物也各自有最适宜的 pH 值。每种微生物在其最适生长的 pH 值范围内时酶活性最高，微生物的生长速率也最高。因此，pH 值是影响微生物在受压条件下生长的主要因素之一。

（4）食品组成

在高压下，食品的化学成分对杀菌效果也有影响，营养丰富环境中微生物的耐压性较强。蛋白质、糖类、脂类和盐分对微生物具有保护作用。

（5）微生物的种类和生长阶段

不同微生物的耐压性有区别。一般来说，各种微生物的耐压性强弱依次为革兰氏阳性菌、革兰氏阴性菌、真菌，而耐高温的微生物耐高压的能力也较强，处于对数生长期的微生物比处于稳定生长期的微生物对压力反应更敏感。各种食品微生物的耐压性一般较差，但革兰氏阳性菌中的芽孢杆菌属和梭状芽孢杆菌属的芽孢最为耐压，可以在高达 1000MPa 的压力下生存。病毒对压力也有较强的抵抗力。杀死一般微生物的营养细胞，通常只需室温 450MPa 以下的压力。如酵母在 200～240MPa 压力下处理 60min 被杀灭，370～400MPa 时仅 10min，570MPa 时 5min 即可。而杀死耐压性的芽孢则需要更高的压力或结合其他处理方式。

（6）水分活度

高压对酵母细胞结构的影响产生于细胞膜体系，尤其是细胞核膜。低水分活度产生细胞收缩和对生长的抑制作用，从而使更多的细胞在压力中存活下来。因此控制水分活度无疑对高压杀菌，尤其是固态和半固态食品的保藏加工有重要意义。

3.8.5.3　超高压技术对食品成分的影响

3.8.5.3.1　超高压对脂类的影响

超高压对脂类的影响是人们研究高压对大分子作用的部分内容。超高压对脂类的影响是可逆的。室温下呈液态的脂肪在高压 100～200MPa 基本可使其固化，发生相变结晶，促使脂类更稠、更稳定晶体形成；不过解压后其仍会复原，但对油脂的氧化有一定的影响。

3.8.5.3.2　超高压对糖类的影响

不同淀粉在超高压下的变化可能不同。在常温下，多数淀粉加压到 400～600MPa，并保持一定的作用时间后，其颗粒将会溶胀分裂，其晶体结构遭到某种程度的破坏，内部有序态分子间的氢键断裂，分散成无序的状态，即淀粉老化，并呈不透明的黏稠糊状物，这种破坏与压力、时间和水分相关。

在实际的生活中，超高压可以改善陈米的品质，陈米在 20℃吸水温润后在 50～300MPa 处理 10min，再按常规操作煮制成饭，其硬度下降，黏度上升，平衡值提高到新米范围，同时光泽和香气也得到改良，还可缩短煮制时间。

3.8.5.3.3　超高压对食品中蛋白质的影响

蛋白质的二级结构是由肽链内和肽链间的氢键来维持的，而超高压的作用有利于氢键的形成。故而超高压有利于二级结构的稳定，但会破坏其三级结构和四级结构，迫使蛋白质的原始结构伸展，分子从有序而紧密的构造转变为无序而松散的构造，或发生变形，活性中心受到破坏，失去生物活性。超高压下蛋白质结构的变化同样也受环境条件的影响，pH 值、离子强度、糖分等条件不同，蛋白质所表现的耐压性也不同。

超高压对蛋白质有关特性的影响可以反映在蛋白质功能特性的变化上，如蛋白质溶液的外观状态、稳定性、溶解性、乳化性等的变化以及形成凝胶的能力、凝胶的持水性和硬度等方面。

3.8.5.3.4　超高压技术在肉制品加工中的应用

目前，超高压在肉类加工中的应用研究主要集中在两个方面：一是改善肉制品的嫩度，因为嫩度是肉类最重要的品质指标；二是在保持肉制品品质的基础上延长肉制品的贮藏期。

研究表明超高压处理能使火腿富有弹性、柔软，表面及切面光滑致密，色调明快，风味独特，更富诱惑力。生猪肉经 400MPa 或 600MPa 的作用，保持 10min，处理后的生猪肉就可以食用。高压处理对肉类各种成分的影响随处理温度、压力值、时间、肌肉种类和所处的状态等而存在差异。

3.8.5.3.5　超高压技术在乳制品加工中的应用

许多学者对高压处理后牛乳中的各种蛋白质变化及其流变学性质进行了研究。Chmiya 等发现高压（130MP）下，对酪蛋白水解的初期阶段无影响，而酪蛋白胶粒形成的第二阶段时间延长，乳凝块形成的第三阶段时间缩短，高压使凝乳变硬并缩短切割时间，在 300MPa 和 400MPa 处理时，虽然仅使 20％β-乳球蛋白变性，使凝块平均产量增加 14％和 20％，但乳清中蛋白质损失可分别下降 7.5％和 15％，乳清总体积减小 4.5％和 5.8％。

乳的酸凝结主要是酪蛋白分子间疏水基作用。高压处理的牛乳，酪蛋白更分散、表面积增大。当用葡萄糖酸-S-内酯作用于高压处理的牛乳时，其酸凝固的凝块表面弹性系数增加 8 倍，切割凝块作用力增加 4 倍。采用离心排水法测定，胶体脱水作用减少，凝块保持较好的持水力，搅拌型酸乳制品黏度也提高。高压可被用于选择性地去除乳清中的过敏原（al-lergen）物质。

3.8.6　挤压膨化技术

3.8.6.1　膨化食品的定义及分类

膨化（puffing）是利用相变和气体的热压效应原理，使被加工物料内部的液体迅速升温汽化，增压膨胀，并依靠气体的膨胀力，带动组分中高分子物质的结构变性，从而使之成为具有网状组织结构特征、定型的多孔状物质的过程。食品膨化技术是应用挤压加工设备对食品原料进行输送、混合（破碎）、压缩、剪切混炼、加热熔融、均压、模头成型等，以加工成速食或快餐食品的一项新的食品加工技术。

3.8.6.1.1　膨化食品的定义

膨化食品是指采用膨化工艺制成的体积明显增大且具有一定酥松度的食品。

3.8.6.1.2　膨化食品的分类

（1）原料

根据膨化食品的使用原料进行分类，可以分为淀粉质挤压食品、蛋白质挤压食品、脂肪质挤压食品、混合原料膨化食品。

（2）原料和加工过程

根据原料和加工过程分为两类：一是直接膨化食品，二是膨化再制食品。

（3）最终产品的膨化度

根据最终产品的膨化度分三类：轻微膨化的食品，如通心面条、豆筋、饲料等；半微膨化食品，如植物组织蛋白（人造肉等）、锅巴、（畜禽、鱼）饲料等；全膨化食品，如玉米膨化果、麦圈等。

（4）食用品位

根据膨化食品的食用品位可以分为主食膨化食品、副食膨化食品、膨化小食品、强化膨化食品等。主食膨化食品一般是先将大米、玉米粉糊化，然后以此为主料或配料制成面包、糕点或早餐食品等；副食膨化食品是以大豆蛋白为原料制成人造肉，进而加工成花色多样的副食品；膨化小食品用马铃薯淀粉或木薯淀粉制成休闲食品；强化膨化食品是将某些主料膨化后，配合添加其他营养成分而制成的膨化食品。

（5）膨化方式

按照膨化食品工艺的膨化方式可分为油炸膨化食品，根据其温度和压力，又可分为高温油炸膨化食品和低温真空油炸膨化食品；微波膨化食品，利用微波发生设备进行膨化加工的食品；挤压膨化食品，利用螺杆挤压机进行膨化生产的食品；焙烤膨化食品，利用焙烤设备进行膨化生产的食品；沙炒膨化食品，利用细沙粒作为传热介质进行膨化生产的食品；其他膨化食品，如正在研究开发的利用超低温膨化技术、超声膨化技术、化学膨化技术等生产的膨化食品。

3.8.6.1.3 挤压膨化的原理及特点

（1）挤压膨化的原理

挤压（extrude）一词来源于拉丁语"ex"（离去）和"trudere"（推），即施加推动力使物料受到挤压并通过模具成型之后离去的过程。挤压只是膨化的手段之一，将产品膨化还可采取其他技术（如气流膨化）。挤压膨化的生产原料主要是含淀粉较多的谷物粉、薯粉或生淀粉等。

（2）挤压膨化过程中物料成分的变化

① 纤维　包括纤维素、半纤维素和木质素，它们在食品中通常充当填充剂。纤维经挤压后其可溶性膳食纤维的量相对增加，一般增加量在3％左右，挤压过程中的高温、高压、高剪切力作用使物料体积膨胀2000倍，巨大的膨胀压力破坏了粮粒内部的分子结构，将部分不溶纤维断裂形成可溶性纤维。

② 淀粉　在挤压过程中的变化主要有糊化、糊精化和降解。挤压作用能促使淀粉分子内 α-1,4 糖苷键断裂而生成葡萄糖、麦芽糖、麦芽三糖及麦芽糊精等低分子量产物，致使挤压后产物淀粉含量下降，但挤压对淀粉的主要作用是促使其分子间氢键断裂而糊化，糊化后的淀粉其口感、营养、贮藏及冲调速食性均有显著提高，淀粉分子在膨化过程中可断裂为短链糊精和降解为可溶性还原糖，而使溶解度、冲调性、消化率和风味口感得到提高。

③ 蛋白质　从物理特性来说，挤压使蛋白质转变成一种均匀的结构体系；从化学观点来说，挤压过程是贮藏性蛋白质重新组合成有一定结构的纤维状蛋白体系的过程。此外，挤压过程还会引起蛋白质营养的变化。

④ 脂肪　在挤压过程中，原料中绝大多数脂肪与淀粉、蛋白质形成了复合物，降低了挤出物中游离脂肪的含量。脂肪复合体的形成使得脂肪受到淀粉和蛋白质保护，对降低脂肪氧化程度和氧化速度、延长产品货架期起积极作用，同时改善产品质构和口感。

（3）挤压膨化技术的特点

① 应用范围广；

② 工艺简单，成本低；

③ 能使用低价值原料，便于粗粮细作；

④ 设备占地面积小，生产能力高；

⑤ 无废弃物。

3.8.6.2 在食品中的应用

3.8.6.2.1 在组织化植物蛋白生产上的应用

组织化植物蛋白的生产是利用含植物蛋白较高（50％左右）的原料（大豆、棉籽等），在一定的温度和水分下，由于受到较高剪切力和螺杆定向流动的作用，蛋白质分子的三级结构被破坏，形成相对呈线性的蛋白质分子链，当被挤压经过模具出口时，蛋白质分子成为类似纤维状的结构。植物蛋白经组织化后，改善了口感和弹性，扩大了使用范围，提高了营养价值。

3.8.6.2.2 在油脂浸出中的应用

传统的制油工艺多采用预榨浸出法。对于双低油菜籽或无腺体棉籽，为利用其蛋白质资源，将对这些油料首先进行剥壳（皮）及仁壳（皮）分离，然后再预榨浸出、低温脱溶。但实践证明，对于高含油油料作物来说，不易于预榨，直接进行浸出，也很难保证脱脂粕达到预期的残油率。而此类油料在脱壳（皮）后，先经挤压膨化机处理，预先挤出部分油脂，并形成一定结构的料粒再进行浸出，是一项比较理想的新技术。

3.8.6.2.3 在发酵调味品工业中的应用

谷物经膨化处理后，淀粉和蛋白质等大分子物质的分子结构发生巨大变化，原料的表面积增大，大分子物质降解，糊精、还原糖和氨基酸等小分子物质含量增加，脂肪含量大大降低，有利于菌种的生长和发酵。微生物可以直接利用原料中的各种营养成分并迅速调节其本身的代谢机制，缩短了迟滞期，促进个体的旺盛生长，分泌大量的酶有利于提高种曲的蛋白酶活力、缩短发酵间期和提高出品率。

3.8.7 真空技术

3.8.7.1 真空和充气包装原理

3.8.7.1.1 食品真空包装的意义

食品真空包装（vacuum packaging）是把被包装食品装入气密性包装容器，在密闭之前抽真空，使密封后的容器内达到预定真空度的一种包装方法。常用的包装容器有金属罐、玻璃瓶、塑料及其复合薄膜等。

3.8.7.1.2 真空包装保质机理

真空包装的目的是减少包装内氧气的含量，防止包装食品的霉腐变质，保持食品原有的色、香、味，并延长保质期。

附着在食品表面的微生物一般在有氧条件下才能繁殖，真空包装则使微生物的生长繁殖失去条件。图 3-22 为新鲜牛肉用薄膜进行真空包装和普通包装在不同贮藏温度下的细菌繁殖情况，可见两者的差异很大，贮藏温度对细菌繁殖影响也很大。

对微生物来说，当 O_2 浓度≤1%时，它的繁殖速度急剧下降，在 O_2 浓度为 0.5%时，大多数细菌将受到抑制而停止繁殖。另外，食品的氧化、变色和褐变等生化变质反应都与氧密切相关，当 O_2 浓度≤1%时，也能有效地控制油脂食品的氧化变质。真空包装就是为了在包装内造成低氧条件而保护食品质量的一种有效包装方法。

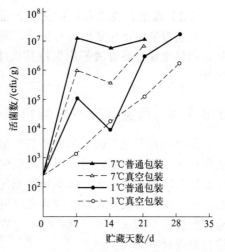

图 3-22　不同包装低温贮藏新鲜牛肉中微生物的繁殖情况

3.8.7.2　真空包装和充气包装工艺要点

3.8.7.2.1　包装材料的选择

为保持或维持包装容器内的气氛状态，食品真空充气包装对包装材料提出不同的要求。塑料包装材料的透气和透湿性能因聚合物分子结构、薄膜厚度、温湿度等因素的影响而变化；真空或充气包装后受大气环境影响，包装容器内含氧量或混合气体各组分的浓度会发生变化，选择包装材料的原则是减少大气环境的影响，获得尽可能长的保质期。

根据食品保鲜特点，用于真空和充气包装的材料对透气性要求可分为两类：一类为高阻隔性包装材料，用于食品防腐的真空和充气包装，减少包装容器内的含氧量和混合气体各组分浓度的变化；另一类是透气性包装材料，用于生鲜果蔬充气包装时维持其低呼吸速度。真空和充气包装对包装材料的透湿性能要求是相同的，对水蒸气的阻透性愈好，愈有利于食品的保鲜。

3.8.7.2.2　工艺要点

（1）贮存环境温度对真空和充气包装效果的影响

各种包装材料对气体的渗透速度与环境温度有着密切关系，一般随温度的提高其透气度也随之增大。表 3-4 为在不同温度条件下三种常用气体对 PE 薄膜的渗透系数值。由此可知，真空和充气包装的食品，宜在低温下贮存，若在较高温度下贮存，会因透气率的增大而使食品在短期内变质；对生鲜食品或包装后不再加热杀菌的加工食品，应在低温（10℃以下）贮藏和流通。

表 3-4　在不同温度条件下三种气体对 PE 薄膜的渗透系数

温度/℃	气体		
	CO_2	N_2	O_2
0	54.7	2.5	11
15	130	7.84	27.5
30	280	21.5	69.4
45	540	54.7	143

注：$P_g \times 10^{-10}$ $(cm^3 \times cm)/(cm^2 \times s \times 0.1MPa)$。

（2）真空和充气包装过程的操作质量

热封时要注意包装材料内面在封口部位不要粘有油脂、蛋白质等残留物，确保封口质量。严格控制真空包装产品杀菌温度和时间，避免加热过度造成内压升高致使包装材料破裂和封口部分剥离，或由于加温不足而达不到杀菌效果。

（3）真空和充气包装的适用产品特性

真空包装由于包装内外有压差，所以一般不宜用于易被压碎或带棱角的食品。对这类食品，如果常规包装方法不能保持其风味和质量而又有一定包装要求时，一般考虑采用充气包装。

3.8.7.3 真空和充气包装机械

真空和充气包装的工艺程序基本相同，因此这类包装机大多设计成通用的结构形式，使之既可用于真空包装，又可用于充气包装，也有的设计成专用形式。真空充气型包装机可以作真空包装或充气包装，而不具有充气功能的真空包装机只能作真空包装；对于充气包装工艺，可采用卧式或立式自动制袋充填包装机直接完成，无需进行真空处理。当采用混合气体充填包装或 MA（气调）包装时，包装机尚需配置气体比例混合器，将两种或三种不同气体按比例混合后充气。

3.8.7.3.1 真空包装机械

真空包装机械有室式、输送带式、旋转式和热成型式等类型。

① 室式真空包装机 室式真空包装机的形式有台式、单室式和双室式，其基本结构相同，由真空室、真空和充气（或无充气）系统和热封装置组成。室式真空包装机最低绝对气压为 1~2kPa，机器生产能力根据热封杆数和长度及操作时间而定，每分钟工作循环次数 2~4 次。

② 旋转式真空包装机 图 3-23 是旋转式真空包装机工作示意图，该机型由充填和抽真空两个转台组成，两转台之间装有机械手自动将已充填物料的包装袋送入抽真空转台的真空室。由于机器的生产能力较高，国外机型配套定量杯式充填装置，预先将固体物料称量放入定量杯中，然后送至充填转台的充填工位充入包装袋内。

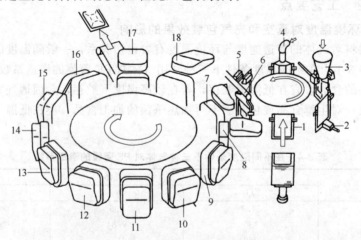

图 3-23 旋转式真空包装机工作示意图

1—吸袋夹持；2—打印日期；3—撑开定量充填；4—自动灌汤汁；5—空工序；
6—机械手传送包装袋；7—打开真空盒盖装填；8—关闭真空盒盖；9—预备抽真空；
10—第一次抽真空（93.3kPa 左右）；11—保持真空，袋内空气充分逸出；
12—二次抽真空（100kPa）；13—脉中加热热封袋口；14—进气释放真空；
15—袋口冷却；16—打开盒盖；17—卸袋；18—准备工位

③ 热成型式真空包装机　塑料热成型容器真空包装机结构见图 3-24。其工作过程：底膜从底膜卷 9 被输送链夹持送入机内，在热成型装置 1 中加热软化并拉伸成盒（杯）型；成型盒在充填部位 2 充填包装物，然后被从卷膜机 4 引出的盖膜覆盖，进入真空热封室 3 实施抽真空或抽真空-充气，再热封；完成热封的盒经封口冷却装置 5、横向切割刀 6 和纵向切割刀 7 塑料盒分割成单件送出机外，同时底膜两侧边料脱离输送链送出机外卷收。

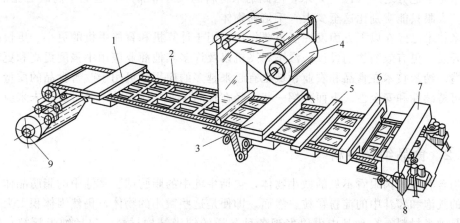

图 3-24　塑料热成型容器真空包装机结构示意图

1—热成型装置；2—包装盒填充部位；3—真空热封室；4—卷膜机；5—封口冷却装置；
6—横向切割刀；7—纵向切割刀；8—底膜边料引出；9—底膜卷

3.8.7.3.2　充气包装机械

各种具有充气功能的真空包装机都可用作充气包装，但除插管式真空包装机外，其他类型真空充气包装机充气时均不能直接充入塑料袋内，每次向真空室充气，耗气量大且成本高，须经改进设计才能发挥其充气功能。

充气包装机类型有两种：一种为气体冲洗式，连续充入的混合气体气流将包装容器内空气驱出，构成袋口端的正压状态并立即封口，此机不抽真空连续充气并热封，生产效率高，可使包装容器内含氧量从 21％降低至 2％～5％，但由于包装件内残氧量较高，不适用于包装对氧敏感的食品。另一种为真空补偿式充气包装机，其原理是先将包装容器空气抽出形成一定真空度，然后充入混合气体至常压，并热封封口，这种充气方式包装容器含氧量低，应用范围广，具有充气功能的各种真空包装机均可实施。

3.8.7.3.3　真空和充气包装的应用

（1）粮食

目前我国粮食的冷藏条件比美国、日本等国家逊色。相比之下，农产品损耗和资源浪费也较严重，而真空包装能维持粮食的品质和营养成分，提高保质期，同时将疏松物品进行密集强化，所以也很受粮食行业的重视。常用的真空包装方法有机械挤压式、吸管脱气式等。

（2）肉制品

肉制品真空包装须保证肉及其加工设施的卫生；且包装时要保证肉的新鲜，真空包装并不能避免劣质的肉腐坏；一般来说，肉制品真空包装后还需要冷藏，双重措施更能延长保质期。

3.8.8　纳米技术

3.8.8.1　纳米技术简述

纳米技术是一门关于构建、操控、表征和应用尺寸范围在 $1\sim100nm$ 的纳米材料的科学。纳米是十亿分之一（10^{-9}）米，因此纳米材料的尺寸非常小，远低于肉眼可见的尺寸。事实上，人眼只能辨别比这至少大一千倍的物体。

纳米技术已经在以下方面发挥了重要作用：用于计算机和智能手机的更小、更快的存储芯片的开发，更有效药物的设计，汽车和飞机以及许多其他商业应用中强度更高和更轻的材料的制造。纳米技术在食品和农业领域也有越来越多的应用，可用于改善食品的质量、健康特性、可持续性和安全性。下面介绍一些已经在食品工业中应用的以及可能在未来应用的纳米材料。

3.8.8.2　食品纳米材料

食物含有多种肉眼看不见的微小物体，包括牛乳中的脂肪球、黄油中的脂肪晶体、搅打奶油中的气泡和酱汁中的淀粉颗粒。然而，即便是这些微小的物体，仍然因体积太大而不能被认为是纳米材料。在食品中可以发现各种各样的纳米结构材料，包括纳米颗粒、纳米纤维、纳米管和纳米海绵。这些纳米材料可能是天然存在的、有意添加的或无意中留下来的。

3.8.8.2.1　无机纳米材料

食品和农业中使用的许多纳米颗粒都是由无机物质组成的，如银、金、铜、铁、钛、硅、锌及其氧化物。

3.8.8.2.2　有机纳米材料

有机纳米颗粒由碳基材料制成，可以是天然的或合成的。在食品中，用于制造可食用纳米颗粒最常见的有机材料是脂肪、蛋白质和糖类。许多使我们的食物味道鲜美的风味物质不易溶于水，如橙子、柠檬、酸橙、大蒜或生姜。因此，它们必须包裹在微小的脂滴中，才能加入我们的食品和饮料中。

3.8.8.2.3　制备纳米颗粒

现在已经有许多组装方法用来制备食品级纳米颗粒了，还有更多的方法正在开发中。总体来说，纳米颗粒可以使用两种方法制备：结合法和分解法。对于分解法，可通过使用专用机器施加强大的机械力，将较大的颗粒击碎为较小的颗粒。

通过选择不同的成分和制造方法来制备具有不同成分、尺寸和形状的纳米颗粒。不同功能特性的纳米颗粒可适合于不同的特定应用。在过去十年左右的时间里，研究人员进行了越来越多的研究，发现了更具创造性的方法来生产具有可调功能特性的食品级纳米颗粒。

3.8.8.2.4　观察和测量纳米材料

纳米材料具有极其细小的结构，这是我们用肉眼或传统显微镜无法看到的，可使用专门的分析工具来表征这些微小的颗粒。在20世纪80年代，促成纳米技术快速发展的最重要的事情之一就是引入了强大的新型原子力显微镜，其能够提供分子水平的材料图像。原子力显微镜使研究人员有能力拍摄纳米材料细小结构的三维快照，看到他们正在制造的东西，设计和微调具有新颖特性的各种创新纳米材料。

3.8.8.2.5　纳米材料独特的性质

人们对食品纳米技术具有很高的热情并对其高度关注的原因在于纳米材料具有非常精细的结构且具有一些独特的性质。

（1）尺寸小

纳米颗粒的小尺寸也意味着它们比大尺寸颗粒的聚集和沉降稳定性更佳。这是因为它们会更强烈地受到周围分子不规则效应的影响。这种效应被称为布朗运动，由英国植物学家罗伯特·布朗首次发现。当风味物质的脂肪液滴足够小时，布朗运动的随机化效应克服了重力的作用。因此，饮料将保持其所需的外观更长时间，产品的顶部或底部不会有浮渣。小尺寸的纳米颗粒也可用于生产光学透明的食品和饮料产品，因为小颗粒仅非常弱地散射光。

（2）表面积大

当物体被分成越来越小的颗粒时，其总表面积越来越大。卷成球的 1g 脂肪的表面积约为 $5cm^2$。然而，如果将其分成数以万亿计的微小纳米颗粒（10nm），其总表面积约为 $600m^2$，则其表面积大约是双打网球场地面积的两倍。许多化学反应发生在颗粒表面，因此表面积的增加使它们反应更加迅速。

（3）更高的反应性

由于量子效应，当颗粒内部物质变得非常小时，物质的性质会发生明显变化。这意味着纳米颗粒的光学、电子、磁性、物理和化学性质通常与大尺寸的同一物质不同。

3.8.8.3　食品生产中的纳米技术

纳米技术也正被用于改善我们的食物品质、健康和安全。纳米技术是一种高度通用的技术，实现起来非常简单。纳米技术在食品领域的应用包括有效成分的包封和运输、质地和光学性质的改变、增强生物活性、改善稳定性和开发传感器等（图 3-25）。

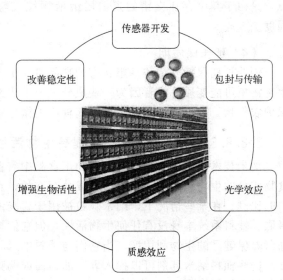

图 3-25　纳米技术在食品领域的应用

3.8.8.3.1　纳米控制致病因素：提高安全性并减少浪费

由金、银、铜和钛等制成的金属纳米颗粒，已被证明是特别有效的抗菌剂。这些微小的颗粒可穿透微生物的外层并形成孔洞，致使其重要细胞器外流。

食品微生物学家正在开发全天然可食用的抗菌纳米颗粒。这些纳米颗粒富含从食用植物中提取的精油，这些食用植物包括百里香、蒜、丁香、薄荷、柠檬或肉桂等。精油由植物分泌，使用天然防御机制对抗虫害。对它们的不断改进使其对广谱害虫控制非常有效。已经证明，抗菌纳米颗粒可以通过破坏外层涂层并使其内部生理机制失效而渗透到微生物中杀死它们。随着人们被倡导增加新鲜水果和蔬菜的摄入量，患食源性疾病的风险相应上升，原因在于这类食物没有经过热处理，无法杀灭可能造成污染的微生物，因此，开发有效方法以保证其安全性至关重要。

3.8.8.3.2　从内到外提高食品品质

（1）风味调制

借助纳米技术，可以将香料包裹在微小的脂肪滴中，在口腔中快速释放香气分子，从而产生强烈的香味。相反，也可以将它们捕获在大的生物聚合物内，其内部具有复杂的纳米结构，可以减缓芳香分子的逸出，维持味道的持久。虽然人们还没有使用这些技术来制作口香糖，但人们已经用它们来控制其他食物的味道释放了，如让汤类在整个煲制过程中保持明显的蒜香。

（2）光学效应

纳米技术也可用于创造食品新颖的光学特性。当光波遇到食物时，要么穿过食物，要么从表面反弹。当颗粒比光的波长（约500nm）大得多时，它们可以被视为单独的物体。当它们大小相同时，它们会非常强烈地散射光线，使食物看起来不透明。相反，当颗粒远小于光波波长时，它们只会非常微弱地散射光波，使食物看起来很清澈。

（3）质构设计

可以通过控制食品所含微小颗粒的相互作用来调节食品的质地和口感。酸奶质地柔软细腻，是由于其中存在交错的蛋白质纳米颗粒（酪蛋白胶束）的3D网络，从而提供了机械强度。

（4）延长保质期

创造长期保持安全和理想状态的食品可减少食物的浪费、提高可持续性。食物由于被微生物污染可能变质，或者因为一些成分被分离出来而变得不宜食用。抗菌纳米颗粒，可用于保护农作物，也可用于杀死污染我们食物的微生物。

3.8.8.3.3　通过纳米技术提高生物活性

纳米技术还可用于提高天然和加工食品中有益的健康营养素和营养因子的生物利用度。食物成分的生物利用度是指以活性成分存在的，且能够被人体实际吸收利用的那部分成分所占的比例。在某些情况下，纳米颗粒被用于胃肠液中创造纳米结构环境以促进生物活性剂的摄取。辅料系统本身没有任何生物活性，但它们提高了天然食物（如水果和蔬菜）中维生素和营养保健品的生物利用度。当它们与辅料纳米乳剂一起被食用时，其生物利用度会大大增加。这些辅料纳米乳剂可以掺入乳、油、酱或调味品中，以增加新鲜水果或熟食蔬菜中功能成分的生物利用度。

3.8.8.3.4　新一代食品包装

包装在确保安全、健康和可持续的食品供应方面发挥着关键作用。然而，食品工业使用的大部分包装都是由石油基塑料制成的，它的使用和处理会导致全球变暖和污染。实际上，包装行业是世界上最大的塑料用户之一。因此，尽可能减少塑料包装的使用至关重要，这也促进了环保替代品的开发。

目前，人们正在研究蛋白质和多糖等天然聚合物是否具有成为环保包装材料以取代塑料的潜力。然而，这些包装材料的机械强度、阻断性能或外观性能通常不合适。将纳米颗粒掺入天然包装材料中通常可以解决这些问题。这是一个活跃的研究领域，许多公司正在努力开发经济上可行且环保的材料，这将改变我们未来包装食品的方式。

第4章

食品工厂建筑

4.1 食品工厂有关建筑的规格特点

4.1.1 生产车间

食品工厂生产车间布置是工艺设计的重要部分,是在确定了生产工艺流程与设备的型号、规格、数量的基础上进行的。生产车间布置是否合理,对工厂建成后的生产和管理效率、生产的经济性、操作和维修的方便性、卫生条件和安全性等均有重要的影响,在设计过程中必须慎重且全面。

4.1.2 办公楼

(1)办公楼房间组成
办公楼应布置在靠近人流出入口处,其面积与管理人员数及机构的设置情况有关。

(2)办公楼建筑面积的估算
可采用式(4-1)。

$$F = \frac{GK_1A}{K_2} + B \tag{4-1}$$

式中　F——办公楼建筑面积,m^2;

　　　G——全厂职工总人数,人;

　　　K_1——全厂办公人数比,一般取 8%~12%;

　　　K_2——建筑系数,65%~69%;

　　　A——每个办公人员使用面积,5~7m^2/人;

　　　B——辅助用房面积,根据需要确定。

4.1.3 辅助部门

广义上讲,食品工厂中除生产车间以外的其他部门或设施,都可称之为辅助部门。一般分为三大类:生产性辅助设施、公用工程、生活性辅助设施。

（1）原料接收站

原料接收站是食品工厂生产的第一个环节，其质量如何将直接影响后面的生产工序。

（2）化验室

化验室的职能是对产品和原料实行质量检验，确保原材料和最终产品符合国家法律规定和有关部门颁布的质量标准或质量要求。

① 化验室的任务及组成　化验室的任务就检验对象而言，可分为原料检验、成品检验、包装材料检验、食品添加剂检验、水质检验、环境的监测等。

② 化验室的装备　化验室配备的大型用具主要有双面化验台、单面化验台、支撑台、药品橱、通风橱等。另外化验室还要配备各种预处理仪器、玻璃仪器和各种分析仪器等。

③ 化验室对土建的要求　化验室可以为单体建筑，也可与其他部门合并建设，要求通风采光良好，卫生整洁。化验室用电仪器较多，应多设电源插座。有条件的厂还可以设置热水管，洗刷仪器用热水比用冷水效果更好。

④ 室内光线　化验室内应光线充足，窗户要大些，最好用双层窗户，以防尘和防止冬天低浓度试剂冻结。光源以日光灯为好，便于观察颜色变化。

⑤ 操作台面的保护　实验操作台面最好涂以防酸碱腐蚀的涂料，或铺上塑料板或黑色橡胶板，相比较而言橡胶板更适用，既可防腐，玻璃仪器倒了也不易破碎。

（3）中心实验室

中心实验室是食品工厂的研发中心的核心，根据工厂实际情况向工厂提供新产品、新技术，使工厂的产品和技术具有较强的竞争能力，获得较好的经济效益。

① 中心实验室的任务

a. 对供加工用的原料品种进行研究　如协助农业部门进行原料的改良和新品种的培育工作，对产品成分的分析和加工试验工作，提出原料的改良方向，设计新配方；采用新资源、新原料等。

b. 制定并改良符合本厂实际情况的生产工艺　食品的生产过程是一个多工序组合的复杂过程，每一个工序又牵涉若干工艺条件和工艺参数，食品工艺也是常常需要改良的。

c. 开发新产品　为使食品厂的活力经久不衰，必须不断地推出新的产品，中心实验室应能进行新产品的开发工作。

d. 其他方面的研究　如原辅材料的综合利用，新型包装材料的研究，"三废"治理工艺的研究，国内外技术发展动态的研究等。

② 中心实验室的装备　中心实验室由研究工作室、分析室、保温间、细菌检验室、样品间、资料室及试制场地等组成。

4.1.4　工厂总平面

食品工厂总平面设计的任务是在厂址选定后，根据生产工艺流程、GMP 以及相关的规范要求，经济合理地对厂区场地范围内的建筑物、构筑物、露天堆场、运输线路、管线、绿化及美化设施等作优化的相互配置，并综合利用环境条件，创造符合食品工厂生产特性的完善的工业建筑群与厂区环境。

4.1.4.1　总平面设计的内容

食品工厂总平面设计的内容包括：平面布置和竖向布置两大部分。平面布置就是合理地分布用地范围内的建筑物、构筑物及其他工程设施在水平方向相互间的位置关系。种植的绿化树木花草，要经过严格选择，厂内不栽易落叶、产生花絮、散发种子和特殊异味的树木花草，以免影响产品质量。一般来说选用常绿树较为适宜。

4.1.4.2　总平面设计的基本原则

各种类型食品工厂的总平面设计，无论哪种原料种类、产品性质、规模大小以及建设条件，都要按照设计的基本原则结合具体实际情况进行设计。食品工厂总平面设计的基本原则有以下几点。

（1）食品工厂总平面设计应按任务书要求进行

布置必须紧凑合理，节约用地。分期建设的工程，应一次布置，分期建设，还必须为远期发展留有余地。

（2）总平面设计必须符合工厂生产工艺的要求

① 主车间、仓库等应按生产流程布置，并尽量缩短距离，避免物料往返运输；

② 全厂的货流、人流、原料、管道等的输送应有各自线路，力求避免交叉，合理加以组织安排；

③ 动力设施应接近负荷中心。

（3）食品工厂总平面设计必须满足食品工厂卫生要求

① 生产区（各种车间和仓库等）和生活区（宿舍、托儿所、食堂、浴室、商店和学校等）、厂前区（传达室、医务室、化验室、办公室、俱乐部、汽车房等）要分开，为了使食品工厂的主车间有较好的卫生条件，在厂区内不得设饲养场和屠宰场。如一定需要，应远离主车间。

② 生产车间应注意朝向，在华东地区一般采用南北向，保证阳光充足，通风良好。

③ 生产车间与城市公路有一定的防护区，一般为 30～50m，中间最好有绿化地带，以阻挡尘埃，降低噪声，保持厂区环境卫生，防止食品受到污染。

④ 根据生产性质不同，动力供应、货运场所周围和卫生防火等应分区布置。

⑤ 厂区内应有良好的卫生环境，多布置绿化。

⑥ 公共厕所要与主车间、食品原料仓库或堆场及成品库保持一定距离。

（4）厂区道路

厂区道路应按运输及运输工具的情况决定其宽度，一般厂区道路应采用水泥或沥青路面而不用柏油路面，以保持清洁。

（5）专用线和码头

厂区道路之外，应从实际出发考虑是否需有铁路专用线和码头等设施。

（6）建筑物间距

厂区建筑物间距（指两幢建筑物外墙面之间的距离）应按有关规范设计。从防火、卫生、防震、防尘、噪声、日照、通风等方面来考虑，在符合有关规范的前提下，使建筑物间的距离最小。

（7）厂区各建筑物布置

应符合规划要求，同时合理利用地质、地形和水文等自然条件。

（8）厂区建筑物的工艺规避

相互影响的车间，尽量不要放在同一建筑物内，但相似车间应尽量放在一起，以提高场地利用率。

4.2 食品工厂卫生安全及全厂性的生活设施

4.2.1 工厂卫生

食品卫生安全是涉及消费者身体健康的大问题，也是一个关系到市场准入、外贸产品出口的国际性规范和工厂经济效益的重要问题。

为防止食品在生产加工过程中的污染，在工厂设计时，一定要在厂址选择、总平面布局、车间布置及相应的辅助设施等方面，严格按照 GMP、HACCP 等的标准规范和有关规定的要求，进行周密的考虑。

4.2.1.1 食品厂、库卫生要求

4.2.1.1.1 厂、库环境卫生

① 厂、库周围不得有能污染食品的不良环境。同一工厂不得兼营有碍食品卫生的其他产品。

② 工厂生产区和生活区要分开。生产区建筑布局要合理。

③ 厂、库要绿化，道路要平坦、无积水，主要通道应用水泥、沥青或石块铺砌，防止尘土飞扬。

④ 工厂污水经处理后才能排放，排放水质应符合国家环保要求。

⑤ 厂区厕所应有冲水、洗手设备和防蝇、防虫设施。其墙裙应砌白色瓷砖，地面要易于清洗消毒，并保持清洁。

⑥ 垃圾和下脚废料应在远离食品加工车间的地方集中堆放，必须当天清理出厂。

4.2.1.1.2 厂、库设施卫生

（1）食品加工专用车间必须符合下列条件

① 车间面积必须与生产能力相适应，便于生产顺利进行；

② 车间的天花板、墙壁、门窗应涂刷便于清洗、消毒且不易脱落的无毒浅色涂料；

③ 车间内光线充足，通风良好，地面平整、清洁，应有洗手、消毒、防蝇防虫设施和防鼠措施；

④ 必须设有与生产能力相适应的、易于清洗、消毒、耐腐蚀的工作台、工器具和小车，禁用竹木器具；

⑤ 必须设有与车间相接的、与生产人数相适应的更衣室（每人有衣柜）、厕所和工间休息室，车间进出口处设有不用手开关的洗手及消毒设施；

⑥ 必须设有与生产能力相适应的辅助加工车间、冷库和各种仓库。

（2）加工肉类罐头、水产品、蛋制品、乳制品、速冻蔬菜、小食品类车间还应符合下列要求

① 车间的墙裙应砌 2m 以上（屠宰车间 3m 以上）白色瓷砖，顶角、墙角、地角应是弧形，窗台是坡形；

② 车间地面要稍有坡度，不积水，易于清洗、消毒，排水道要通畅；

③ 要有与车间相连的淋浴室，在车间进出口处设靴、鞋消毒池及洗手设备。

（3）肉类加工厂还必须具备下列条件

① 厂区分设人员进出、成品出厂、畜禽进厂、废弃物出厂 3～4 个门。在畜禽进厂处，应设有与门宽相同，长 3m、深 10～15cm 的车轮消毒池，应设有畜禽运输车辆的清洗、消毒场所和设施；

② 有相适应的水泥地面的畜禽待宰圈，并有饮水设备和排污系统；

③ 有便于进行清洗、消毒的病畜禽隔离间、急宰间和无害处理间。

④ 有与生产能力相适应的屠宰加工、分割、包装等车间。

4.2.1.1.3　加工卫生

① 同一车间不得同时生产两种不同品种的食品。

② 加工后的下脚料必须存放在专用容器内，及时处理，容器应经常清洗、消毒。

③ 肉类、罐头、水产品、乳制品、蛋制品、速冻蔬菜、小食品类加工用容器不得接触地面。在加工过程中，做到原料、半成品和成品不交叉污染。

④ 冷冻食品工厂还必须符合下列条件：a. 肉类分割车间，须设有降温设备，温度不高于 20℃；b. 设有与车间相连接的相应的预冷间、速冻间、冻藏库。

⑤ 罐头加工还必须符合下列条件：a. 原料前处理与后工序应隔离开，不得交叉污染；b. 装罐前空罐必须用 82℃ 以上的热水或蒸汽清洗消毒；c. 杀菌须符合工艺要求，杀菌锅必须热分布均匀，并设有自动计温计时装置；d. 杀菌冷却水应加氯处理，保证冷却排放水的游离氯含量不低于 0.5mg/kg；e. 必须严格按规定进行保（常）温处理，库温要均匀一致。保（常）温库内应设有自动记录装置。

4.2.1.2　食品工厂设计中一些比较通行的具体做法

4.2.1.2.1　厂址

厂区周围应有良好的卫生环境，厂区附近（300m 内）不得有有害气体、放射性源、粉尘和其他扩散性的污染源。厂址不应设在受污染河流的下游和传染病医院附近。

4.2.1.2.2　厂区总平面布局

① 总平面的功能分区要明确，生产区（包括生产辅助区）不能和生活区互相穿插。如果生产区中包含有职工宿舍，两区之间要设围墙隔开。

② 原料仓库、加工车间、包装间及成品库等的位置须符合操作流程，不应迂回运输。原料和成品，生料和熟料不得相互交叉污染。

③ 污水处理站应与生产区和生活区有一定的距离，并设在下风向。

④ 厂区应分别设人员进出、原料进厂、成品出厂和废弃物出厂的大门，也可将人员进出门与成品出厂门设在同一位置，隔开使用，但垃圾和下脚料等废弃物不得与成品在同一个门内出厂。

4.2.1.2.3　厂区公共卫生

① 厂里排水要有完整、不渗水并与生产规模相适应的下水系统。下水系统要保持畅通，不得采用明沟排水。厂区地面不能有污水积存。

② 车间内厕所一般采用蹲式，便于水冲，不易堵塞，女厕所可考虑少量坐式。厕所内

要求有不用手开关的洗手消毒设备，厕所应设于走廊的较隐蔽处，厕所门不得对着生产工作场所。

③ 更衣室应设符合卫生标准要求的更衣柜，每人一个，鞋帽与工作服分格存放（更衣柜大小宜为 500mm×400mm×1800mm）。

④ 厂内应设有密封的粪便发酵池和污水无害处理设施。

4.2.1.2.4 车间卫生

① 车间的前处理、整理装罐及杀菌三个工段应明确加以分隔，并确保整理装罐工段的严格卫生。

② 与物料相接触的机器、输送带、工作台面、工器具等，均应采用不锈钢材料制作。车间内应设有对这些设备及工器具进行消毒的措施。

③ 人员和物料进口处均应采取防虫、防蝇措施，结合具体情况可分别采用灭虫灯、暗道、风幕、水幕或缓冲间等。车间应配备热水及温水系统供设备和人员卫生清洗用。

④ 实罐车间的窗户应是双层窗（常温车间一玻一纱，空调房间为双层玻璃），窗柜材料宜采用透明坚韧的塑钢门或不锈钢门。

⑤ 车间天花板的粉刷层应耐潮，不应因吸潮而脱落。

⑥ 楼地面坡度 1.5%～2%，地坪和楼面均应做排水明沟。

⑦ 车间的电梯井道应防止进水，电梯坑宜设集水坑来排水，各消毒池也应设排水漏斗。

4.2.1.2.5 个人卫生设施和卫生间

食品工厂应当配有个人卫生设施，以保证个人卫生保持适当的水平并避免沾染食品。这些设施应当包括：

① 适当洗手和干手工具，包括洗手池、消毒池和热水、冷水（或者适当温度的水）供应；

② 卫生间的设计应满足适当的卫生要求；

③ 完善的更衣设施，这些设施选址要适当，设计要合理；

④ 保持适当水平的个人清洁；

⑤ 个人行为举止和工作方法适当，从事食品操作工作的人员应抑制那些可能导致食品污染的行为，例如吸烟、吐痰、咀嚼或吃东西、在无保护食品前打喷嚏或咳嗽。

4.2.1.3 常用的卫生消毒方法

① 漂白粉溶液　适用于无油垢的工器具、操作台、墙壁、地面、车辆、胶鞋等。使用浓度为 0.2%～0.5%。

② 氢氧化钠溶液　适用于有油垢沾污的工器具、墙壁、地面、车辆等。使用浓度为 1%～2%。

③ 过氧乙酸　过氧乙酸是一种新型高效消毒剂，适用于各种器具、物品和环境的消毒。使用浓度为 0.04%～0.2%。

④ 蒸汽和热水消毒　适用于棉织物、空罐及质量小的工具的消毒。热水温度应在 82℃以上。

⑤ 紫外线消毒　适用于加工、包装车间的空气消毒，也可用于物料、辅料和包装材料的消毒，但应考虑紫外线的照射距离、穿透性、消毒效果以及对人体的影响等。

⑥ 臭氧消毒　适用于加工、包装车间的空气消毒，也可用于物料、辅料和包装材料的

消毒，但应考虑对设备的腐蚀、营养成分的破坏以及对人体的影响等。

4.2.2　全厂性的生活设施

这里所讲的全厂性的生活设施包括办公室、食堂、更衣室、浴室、厕所、托儿所、医务室等设施。对某些新设计的食品工厂来说，这些设施中的某些可能是多余的，但作为工艺设计师应全面了解并掌握这些基本数据。

4.2.2.1　办公楼

办公楼应布置在靠近人流出入口处，其面积与管理人员数及机构的设置情况有关。
行政及技术管理的机构按厂的规模，根据需要设置。

4.2.2.2　食堂

食堂在厂区中的位置，应靠近工人出入口处或人流集中处。它的服务距离以不超过600m 为宜。

（1）食堂座位数的确定

$$N = \frac{M \times 0.85}{CK} \tag{4-2}$$

式中　N——座位数；

　　　M——全厂最大班人数；

　　　C——进餐批数；

　　　K——座位轮换系数，一、二班制为 1.2。

（2）食堂建筑面积的计算

$$F = \frac{N(D_1 + D_2)}{K} \tag{4-3}$$

式中　F——食堂建筑面积；

　　　N——座位数；

　　　D_1——每座餐厅使用面积，$0.85 \sim 1.0 \mathrm{m}^2$；

　　　D_2——每座厨房及其他面积，$0.55 \sim 0.7 \mathrm{m}^2$；

　　　K——建筑系数，$82\% \sim 89\%$。

4.2.2.3　更衣室

为适应卫生要求，食品工厂的更衣室宜分散，附设在各生产车间或部门内靠近人员进出口处。更衣室内应设个人单独使用的三层更衣柜，衣柜尺寸 $500\mathrm{mm} \times 400\mathrm{mm} \times 1800\mathrm{mm}$，以分别存放衣物鞋帽等，更衣室使用面积按固定工总人数 $1 \sim 1.5\mathrm{m}^2 /$人计，对需要二次更衣的车间，更衣间面积应加倍设计计算。

4.2.2.4　浴室

从食品卫生角度来说，从事直接生产食品的工人上班前应先淋浴。据此，浴室多应设在生产车间内与更衣室、厕所等形成一体，特别是生产肉类产品、乳制品、冷饮制品、蛋制品等车间的浴室，应与车间的人员进口处相邻，厂区也需设置浴室。浴室淋浴器的数量按各浴室使用最大班人数的 $6\%\sim9\%$ 计，浴室建筑面积按每个淋浴器 $5\sim6m^2$ 估算。

4.2.2.5 厕所

食品工厂内较大型的车间，特别是生产车间的楼房，应考虑在车间内设厕所，以利于生产工人的方便卫生。厕所便池蹲位数量应按最大班人数计，男每 $40\sim50$ 人设一个，女每 $30\sim35$ 人设一个，厕所建筑面积按 $2.5\sim3m^2$/个蹲位估算。

4.2.2.6 婴儿托儿所

婴儿托儿所应设于工人接送婴儿顺路处，并应有良好的卫生环境。托儿所面积按式（4-4）确定。

$$F=MK_1K_2 \tag{4-4}$$

式中　F——托儿所面积，m^2；

　　　M——最大班女工人数；

　　　K_1——哺乳女工所占比例，取 $10\%\sim15\%$；

　　　K_2——每个床位所占面积，以 $4m^2$ 计。

4.2.2.7 医务室

工厂医务室的组成及面积见表 4-1。

表 4-1　工厂医务室的组成及面积

部门名称	职工人数		
	300~1000	1000~2000	2000 以上
候诊室	1 间	2 间	2 间
医疗室	1 间	3 间	4~5 间
其他	1 间	1~2 间	2~3 间
使用面积	30~40m²	60~90m²	80~130m²

4.2.3　有关规范举例——出口速冻方便食品良好操作规范（GMP）

4.2.3.1　目的与适用范围

本规范规定了出口速冻蔬菜在加工、冷冻、包装、检验、贮存和运输等过程中有关机构与人员、工厂的建筑和设施、设备以及卫生、加工工艺及产品卫生与质量管理等遵循的良好操作条件，以确保产品安全卫生，品种质量符合进口国要求。本规范适用于速冻蔬菜的生产加工。

4.2.3.2　定义

良好操作规范（GMP），是指食品加工厂在加工生产食品时从原料接收、加工制造、包装运输等过程中，采取一系列措施，使之符合良好操作条件，确保产品合格的一种安全、卫生的质量保证体系。

4.2.3.3 厂区环境、厂房及设施

（1）厂区环境

① 加工厂不得建在易受生物、化学、物理性污染源污染的地区，工厂四周环境应保持清洁，避免成为污染源。

② 厂区内主要通道铺设水泥或沥青路面，空地应绿化，以防尘土飞扬而污染食品。车间及其构造物附近不能有害虫滋生地。

③ 厂区内不得有产生不良气味、有毒有害气体、烟尘及危害食品卫生的设施。厂区同生活区分开。

④ 厂区内有适当的排水系统，车间、仓库、冻藏库周围不得有积水，以免造成渗漏，形成脏物而成为污染食品的区域。

⑤ 厂区内卫生间应有冲水、非手动洗手开关，卫生间的门窗不能直接对着加工或贮存产品的区域。卫生间保持清洁卫生，通风良好，具备纱窗等防蝇、防虫设施。

⑥ 废弃物应有固定存放地点并及时清除。

⑦ 厂区内建有生产必需的辅助设施。

（2）厂房

① 厂房应按加工产品工艺流程需要及卫生要求合理布置（包括车间、冷库、化验室、更衣室、厕所等）。

② 厂房各项建筑物应坚固耐用，易于维修，易于清洁，所用材料不应对产品产生污染。

③ 使用性质不同的场所之间应予以适当隔离。

（3）设施

① 车间设施　车间面积应与生产量相适应，并按加工工艺流程合理布局，分原料粗加工车间和精加工车间，并有足够的使用空间，按工序清洁度要求不同给予隔离。

② 照明设施　厂内各处应安装适当的采光或照明设施，车间照明应使用防爆安全型设施，以防破裂时污染产品。

③ 通风设施　加工、包装车间应通风良好，配有换气设施或空气调节设施，以防室内温度过高，并保持室内空气新鲜。

④ 供水设施　厂区应提供各部门所需的充足水量，必要时设有储水设备。使用地下水源应与污染源（如化粪池等）保持适当距离，以防止污染。

⑤ 更衣设施　应设有与车间相连接的更衣室，更衣室面积与加工人员数相适应（每人占有面积不少于 $0.5m^2$），男女更衣室应分开，室内应有适当照明，且通风良好。

⑥ 洗手消毒设施　车间总出入口应设置独立的洗手消毒间，其建筑材料与上述车间地面的要求相同。洗手间内设置足够数量的洗手设备（每25人设一洗手池，每50人设一消毒盆），并备有清洁剂、消毒剂和干手设备，设有鞋靴池，池深足以浸没鞋面，并设有可照半身以上的镜子。

⑦ 冷库设施　冷库应装设可正确指示库内温度的温度计或温度测定自动记录仪。

⑧ 自动温度报警装置　保证速冻蔬菜在运输和贮藏过程中温度在−18℃以下。冻藏库门设有风幕装置，避免开门时被外部高温影响。

⑨ 厕所设施　卫生间应有冲水、洗手、防虫设施。卫生间内墙壁、地面、天花板应用不透水、易清洗消毒、不易积垢的材料建成。卫生间内应设置洗手消毒设施，还应有良好的

排气和照明设施。

4.2.3.4　加工设备

操作台、工器具和输送带等，应用无毒、无味、坚固、不生锈、易清洁消毒、耐腐蚀的材料制作，与产品接触的设备表面应平滑，无凹陷或裂缝。盛放食品的容器、工器具不能接触地面，废弃物应有专门容器存放，必要时加贴标志并应及时处理。设置在车间一旁的废弃物容器必须经常清洗、消毒防止污染工厂或周围环境。废弃物严禁堆积在工作区域内，盛放废弃物的容器应易清洗、消毒，不允许与盛放产品的容器混淆。车间内禁止使用木（竹）制品。设备与设备之间应排列有序，各工序所用设备和容器不得混用，以免交叉污染。

4.2.3.5　组织机构

工厂应设有生产管理机构和质量、安全卫生控制机构，负责"良好操作规范"的设计、实施、监督和检查等。生产管理机构负责按质量标准或客户要求组织安排全厂的生产。质量、卫生控制机构应做好以下几项工作：

① 负责制定产品质量标准，并执行质量管理工作，其负责人有权停止生产或出货；

② 负责从原料到成品的全部质量和卫生控制，保证加工出的产品优质、安全；

③ 对加工人员和检验人员按所制定的计划进行培训，并向培训合格人员发证；

④ 监督检查全厂执行卫生管理的情况。

4.2.3.6　人员要求

（1）健康要求

① 直接接触蔬菜加工人员每年至少进行一次健康检查，必要时做临时健康检查，检查合格后方可上岗。

② 凡患有以下疾病之一者，应调离蔬菜加工岗位：化脓性或渗出性皮肤病、疖疮等传染性创伤患者；手外伤者；肠道传染病或肠道传染病病菌携带者；活动性肺结核或传染性肝炎患者；其他有碍食品卫生的疾病。

（2）卫生要求

① 直接接触蔬菜加工人员应保持高度个人清洁，遵守卫生规则，进车间必须穿着清洁卫生的白色工作服、工作帽及鞋靴、口罩，头发不得外露。

② 进入车间须经消毒间，用清洁剂洗净后经消毒盆消毒，再经清洁水冲洗，必要时经干手器干燥。鞋靴也需在消毒池内消毒。

③ 禁止将个人衣物或其他个人物品（包括饰物、手表等）带入车间，禁止在车间内饮食及吸烟。不得留长指甲、染指甲油、不得涂抹化妆品。

④ 生产操作中如需戴手套者，可使用乳胶手套，但必须保持清洁卫生，必要时定期消毒，禁止使用线手套。

⑤ 车间设有专职卫生员，负责监督检查进入车间人员衣着和消毒情况。

（3）知识要求

① 生产管理、质量、安全卫生控制部门负责人应具备相应专业知识和实际工作经验。

② 感官检验员和安全卫生控制人员应具备实际工作经验，并经专业培训合格后方可上岗。

③ 化验室人员应具备相应专业知识，并经专业培训合格后方可上岗。

4.2.3.7 加工工艺管理

4.2.3.7.1 《加工工艺书》的制定和执行

① 工厂应制定《加工工艺书》，由生产部门主办，同时征得质量、安全卫生管理部门认可，修订执行。

②《加工工艺书》内容包括：原料规格要求、工艺流程、操作规程、成品品质规格和安全卫生等要求，包装、标签、贮存等要求及规定。

③ 应教育和培训加工人员按《加工工艺书》执行。

4.2.3.7.2 原辅料要求

① 原料应新鲜、清洁、无污染。

② 原料应未受微生物、化学物质和放射性物质等污染。

③ 对受微生物、化学物质、放射性物质污染的蔬菜原料应单独存放并退货。

④ 加工用水（冰）应符合 GB 5749—2022《生活饮用水卫生标准》的要求。

4.2.3.7.3 《出口速冻蔬菜加工工艺书》

（1）原料验收

① 所采用的原料应符合工艺要求所需的品种、成熟度、新鲜度，色泽形状良好，大小均匀。

② 原料要求无污染，农残、微生物等指标应符合食品卫生标准规定。

③ 原料包装、运输、贮存过程中要求无污染、无损坏、无腐烂变质，修整过的原料应尽快加工。

④ 筛选原料的工具应保持清洁卫生，定时洗刷消毒；原料应轻取轻放，不得野蛮操作。

（2）挑选整理

① 严格按不同品种的工艺要求切割、整修、挑选、分级，使块形、长度、粗细等形态要求符合标准。

② 除去杂质，剔除不合格品。

③ 工器具要班前、班后清洗消毒，保持清洁。使用机械，班前做好检查、调试工作，以保证产品质量。

（3）漂洗

经验收合格的半成品置容器中流水冲洗，洗净尘土，除去杂质，每次清洗的数量不宜过多，以彻底洗净泥沙。应使水不断溢出，以便去除漂浮异物。

（4）烫漂（杀青）

① 接上道工序半成品后，要及时烫漂加工，不得积压，避免产品色泽变化。用夹层锅烫漂时需不断翻动，用烫漂机烫漂时，上料要均匀，目的在于使其受热均匀。

② 严格按工艺要求进行操作，根据不同品种、不同客户要求，调节浸烫水温和浸烫时间，保持产品原有色泽，营养成分不受到破坏。

③ 注意，每次烫漂蔬菜数量不宜过多，保证烫漂均匀，烫漂用水要充足。以保证放入蔬菜后水温迅速恢复到规定温度。

④ 烫漂设备定时清洗，遗留物要清理干净，防止腐烂变质，造成污染。烫漂用水定时

更换，不使其影响产品色泽。

（5）冷却

① 烫漂后迅速将蔬菜放在自来水中降温，然后置于冰中，快速冷却，使产品迅速降至 10℃以下，以防变色。

② 冷却的同时进行清洗，进一步去净杂质。冷却水必须清洁，应经常更换，应迅速冷却，蔬菜不宜在冷水中长时间浸泡。

③ 冷却用器械不得对产品色泽造成影响。

（6）速冻

① 速冻设备由专人操作，定期检查保养，及时处理机械故障，保障生产顺利进行。

② 进入速冻机的半成品摆放要厚度适宜、均匀一致，确保冷冻效果。

③ 根据速冻品种的不同，准确调节传送速度，确保冷冻效果。

④ 速冻机生产时，机内温度-35℃以下，速冻库温-30℃以下，速冻后产品温度达-15℃以下。

（7）挂冰衣

① 块茎、豆类等产品浸入0℃的冰水中2～3s，迅速提出，振荡除去多余的水分，使产品表面光亮、均匀、圆滑。

② 成品包装前，质检科应对产品质量进行感官指标和微生物检验，若不符合规定要求，一概不得进入包装工序。

（8）包装

① 封口前严格称重，标准质量要求误差在±1%，质量不合格均按不合格产品处理。

② 包装必须在专用的清洁卫生的车间内进行，严禁在不卫生的环境中进行。

③ 包装用品使用前均需严格检查，凡有水湿、霉变、虫蛀、破碎或污染等现象不得使用，外包装要正确印刷上包装品名、规格、日期、批次、代号及级别标准标记，要求清楚、正确。

（9）金属探测

产品应用金属探测器进行检测，发现问题立即解决，大包装在称重前、小包装可在封口后通过金属探测器。

（10）冻藏

① 包装完毕的产品，应及时入库，分垛存放，以免温度回升而影响产品品质。

② 冻藏库应保持库内清洁，无异味，产品的码放要有条理，按生产日期、批次分别存放，码垛整齐，标记清楚，垛底有垫板，要求高10cm以上。垛与垛之间要留一定的空隙，以便通风制冷，保持温度平衡。

③ 货垛离墙20cm、离顶棚50cm、距冷气排管40～50cm，垛间距15cm，库内通道大于2m。在出口产品库内不得存放其他有异味物品，要专库专存。

④ 冻藏库温-18℃以下，保持恒定，每2h检查记录库温1次。

4.2.3.8 包装和标记

（1）包装

产品包装必须在封闭的包装间内进行，包装间内温度保持在0～10℃。

① 包装用塑料袋、纸箱（盒）应清洁卫生、无毒、无霉变、无异味，并经性能验证合格。包装物应设专库存放，保持清洁卫生，并应采取措施防止灰尘等物质污染包装物。凡有水湿、霉变、虫蛀、破碎或污染等现象不得投入使用。

② 所用塑料袋、纸箱（盒）应设计尺寸合理、大小适中。

③ 包装材料在使用前须预冷至 10℃ 以下，纸箱底部和上部要粘牢并用胶带封好。

④ 包装应完整、牢固，适于长途运输。

（2）标记

① 包装的标记应符合 GB 7718—2011《食品安全国家标准　预包装食品标签通则》的规定。

② 包装的商标根据客户要求印刷。

4.2.3.9　品质安全卫生管理

4.2.3.9.1　《品质标准书》的制定及内容

①《品质标准书》由工厂质量检验部门制定，并经过生产部门认可后，遵照执行。

②《品质标准书》的内容应包括"原料品质管理"、"加工过程中半成品的品质管理"和"成品的品质管理"。

③ 原料品质管理

a.《品质标准书》中应制定原料的品质标准、检验项目、验收标准、抽样及检验方法等。

b. 发现原料不符合标准，停止运进车间。

c. 记录原料验收结果。

④ 加工过程半成品的品质管理

a.《品质标准书》应按出口合同规定制定速冻蔬菜加工半成品的检验项目、验收标准、抽样标准、抽样及检验方法等。

b. 按《出口速冻蔬菜加工工艺书》中规定，控制各加工工艺点。

c. 加工中品质管理结果发现异常现象时，应迅速追查原因，并切实加以纠正后才能继续生产。

d. 记录半成品检验结果。

⑤ 成品的品质管理

a. 依据出口合同规定的速冻蔬菜质量标准。

b. 每批速冻蔬菜检验合格后方可入冻藏库。

c. 速冻成品经检验不合格者不得出口，应单独存放，并设有标记，以示区别。

d. 成品发运出厂后，顾客提出疑问或发现品质有问题，应立即采取妥善的补救措施。

e. 记录成品检验结果及反馈和处理情况。

4.2.3.9.2　《卫生标准操作规程》的制定及内容

①《卫生标准操作规程》由工厂卫生管理机构制定并执行，经生产部门认可后遵照执行。

②《卫生标准操作规程》的内容包括环境卫生、车间卫生、个人卫生、冷藏及运输卫生管理等。

③ 工厂根据《卫生标准操作规程》的内容制定检查计划，规定检查项目及周期，并建

立记录。

④ 环境卫生管理

a. 厂区应有专人负责每日清扫、洗刷，保持清洁，地面应经常维修、无破损、不积水、不起尘埃。

b. 厂区内禁止堆放不必要的器材、物品。草木要定期修剪和拔除，防止蝇、蚊等有害动物滋生。禁止饲养畜禽。

c. 厂区内设有防鼠设施，并有图标，每日检查一次。

d. 排水沟应随时保持畅通，不得淤积、阻塞。废弃物、下脚料及时处理，必要时消毒清洗。

e. 厂区厕所应每日打扫两次，并消毒。

⑤ 车间卫生管理

a. 车间各设施应保持完整，如有破损应立即修补。

b. 消毒间卫生每日打扫，消毒池中消毒水每日更换两次。

c. 更衣室（包括厕所）设卫生值日制度，每日打扫，保持清洁。

d. 一切接触产品的设施、设备、工器具在每日生产前和生产后必须进行有效的清洗，必要时予以消毒，消毒后彻底清洗。

e. 加工所用之水应定期化验，每年一次由卫生监督部门进行全项目检验，工厂每月进行一次微生物检验，每日一次有效氯浓度的测定。

⑥ 人员卫生管理按"人员要求"中的有关规定执行。

⑦ 冻藏及运输卫生管理

a. 冻藏库内必须保持清洁卫生，货物按批摆放整齐，禁止产品接触地面。

b. 冻藏库内禁止存放带异味商品及卫生不良的产品。

c. 运输车（船）集装箱工具必须实施定期消毒与清洗。

d. 设有各种卫生执行记录、检查记录和纠偏记录。

4.2.3.10　冻藏与运输管理

（1）冻藏

冷却排管上的霜应定期清除，保持最少积霜，以防止污染产品包装。

① 冻藏库应保持清洁、卫生，产品按不同等级、规格、批次分别堆放，货垛之间及货与库顶、库墙间应有 30~50cm 空隙。垛底板不低于 10cm。

② 冻藏库温度保持在 -20℃ 以下，并尽量保持稳定，库内备有温度自动记录仪。

③ 禁止未包装冻品与包装成品、原料及成品同贮一库，同一库内不能存放其他异味商品，做到专库专用。

④ 定期检查产品，如有异状及时处理。

⑤ 经长途运输冷冻成品需经验收合格方可入冻藏库，冻品中心温度高于 -18℃ 时，禁止直接入库冻藏，经检验，品质正常的需经速冻将中心温度降至 -18℃ 后，方可入冻藏库。

⑥ 各冻藏库应有存货记录及存放部位示意图。

（2）运输

运输工具必须是清洁、卫生、无异味、干燥的冻藏车（船）集装箱。

4.2.3.11　记录档案

4.2.3.11.1　工厂建立资料及其内容

① 管理手册；

② 良好操作规范（GMP）和卫生标准操作程序（SSOP）；

③ HACCP 计划手册；

④ 检验方法；

⑤ 加工工艺书；

⑥ 品质标准书；

⑦ 生产设备、仪器一览表，使用说明及维护、保养和操作规程。

4.2.3.11.2　记录及处理

（1）记录

① 卫生执行记录；

② 卫生检查记录及纠偏记录；

③ HACCP 计划记录（监控记录、纠偏记录、验证记录）；

④ 产品质量状况、进口国及国外反应档案、质量信息反馈及处理记录；

⑤ 品质控制人员（包括检验员）填写品质控制日志及检验记录；

⑥ 计量仪器校正记录；

⑦ 记录人及记录核对人应在记录上签字，如有修改，应有修改人在文字附近签名。

（2）记录处理

各种记录应保存 3 年。

4.2.3.12　质量信息反馈及处理

工厂应建立"质量信息反馈及处理"制度，对出现的质量问题有专人查找原因，及时加以纠正。经检验不合格的产品不准发运出厂，如发现有害人体健康的安全卫生项目不合格时，对已出厂的产品，应予以迅速追回，同时厂方就买方做出妥善处理。对存在的质量问题及处理结果应做好详细记录，并及时上报当地出入境检验检疫局。

第 5 章

食品企业人力资源安排

实行以厂长为责任人的人员编制，各部门及各科室各负其责，团结协作又互相监督，以提高生产效率、促进工厂又好又快发展为原则。工作制度依据本厂章程的相关条款制定，其目的旨在建立健全工厂组织机构，明确规定工厂组织机构、业务分工以及职能权限与责任，以确保工厂的高效运作，提升工厂经营效率，促进工厂健康快速地发展。

（1）人员管理

① 车间全体人员必须遵守上下班作息时间，按时上下班。

② 车间员工必须服从由上级指派的工作安排，尽职尽责做好本职工作，不得疏忽或拒绝管理人员命令或工作安排。

③ 全体车间人员工作时间必须按公司要求统一着装，更换工作鞋或鞋套进入车间。

④ 车间人员在工作期间不得做与工作无关的事，例如吃东西、闲坐聊天、听歌、打瞌睡等行为。

⑤ 对恶意破坏公司财产或盗窃行为，不论大小一经发现，一律交总经办严厉处理。

⑥ 车间人员如因特殊情况需要请假，应按公司请假程序申请，得到批准方可离开。

⑦ 工作时间内，倡导全体人员说普通话，禁止拉帮结派。

（2）作业管理

① 车间严格按生产计划排产，根据车间设备和人员组织生产。

② 生产流通确认以后，任何人不得随意更改，如在作业过程中发现错误，应立即停止生产，并向负责人报告研究处理。

③ 车间人员每日上岗前必须对所操作设备及工作区域进行清理，保证工序内环境卫生，通道或公共区域由领班安排人员协调清理。

④ 车间人员生产完成后，如有多余的物料及时交由物料员统计并退回仓库，不得遗留在车间工作区域内。

⑤ 生产过程中好坏物料分别放入塑料箱或产品外箱，并要做出明显的标记来区分物料好坏，不能混料。

⑥ 车间人员下班时，要清理好自己的工作台面，做好设备清理保养工作。

⑦ 技术人员每周应对工具、设备、夹具进行检查、统计、维护等保养工作，并对损坏的工具进行维修（保险丝熔断、设备电源线断裂等可被观测到的损坏）。

⑧ 车间人员严格按工艺规程及产品质量标准进行操作，擅自更改生产工艺造成品质问

题的，由作业人员自行承担责任。

（3）生产现场物品摆放及清洁卫生

① 生产现场均为设定作业区，员工不得随意到非作业区作业，特殊情况需要借用场地，应请示批准。

② 包装好的产品应放置在暂放区内，标示明确，以便检查验收及转序寻找，留有足够的搬运位置，以便搬运方便。禁止型号、规格、光电参数不一的产品混合摆放。

③ 每日在清理现场时必须将不能回收的废物及时放到垃圾桶或外面的垃圾堆里，现场清理余料时，将有用的余料清理出来，交由物料员统计，统一保存及再利用；将有瑕疵的物料分类，交由物料员统计，统一进行报废处理。

④ 若在清理现场时，发现价值高于 10 元或数量大于 5PCS（表示片、块、段）良性物料及物品，从重处罚。

（4）技术人员产前样评审

① 技术人员应在物料到齐后订单生产前 1 天进行产品产前样试制，并进行上报与评审。

② 技术人员产前样评审合格后，投入生产时应及时按照工艺指导要求对产线员工进行技术指导，指正生产过程中的问题，并及时上报生产主管。

（5）劳动定员

本次工厂设计的部分共有 5 个部门，分别为实践部、机动组、管理部、研发部、后勤部等。

5.1　劳动人员的构成

食品工厂职工按其工作岗位和职责不同可分为两大类：生产人员和非生产人员。其中生产人员包括基本工人和辅助工人；非生产人员包括管理人员和服务人员。其中行政管理人员和技术人员，应依据企业规模、性质、生产组织等情况而定，实行责任制，工人实行岗位制。

5.2　劳动定员的依据

① 工厂和车间的生产计划（产品品种和产量）；

② 劳动定额、产量定额、设备维护定额及服务定额等；

③ 工作制度（连续或间歇生产、每日班次）；

④ 出勤率（指全年扣除法定节假日、病假、事假等因素的有效工作日和工作时数）；

⑤ 全厂各类人员的规定比例数等。

5.3　劳动力计算的意义

劳动力计算主要用于工厂定员编制、生活设施（如更衣室、食堂、厕所、办公室、托儿所等）的面积计算和生活用水、用气量等方面的计算。

在食品工厂设计中，定员不宜定得过多或过少。合理的劳动力安排，必须通过严格的劳动力计算，才能充分发挥劳动力的作用，使得劳动力更有其实际价值。劳动力的计算对正常管理生产有直接影响。在实践中，劳动力数量既不能单靠经验估算，也不能将各工序岗位人数简单地累加。

5.4 劳动力的计算

劳动力的计算主要根据生产单位质量的品种所需劳动工日来计算，对于各生产车间来说其计算公式如下：

$$每班所需工人数（人/班）＝劳动生产率（人/t）×班产量$$

全厂工人数为各车间所需工人之总和。

5.4.1 自动化程度较低的生产工序劳动力计算

对于自动化程度较低的生产工序，即基本以手工作业为主的工序，根据生产单位质量品种所需劳动工日来计算，若用 P_1 表示每班所需人数，则：

$$P_1（人/班）＝劳动生产率（人/产品）×班产量（产品/班） \tag{5-1}$$

5.4.2 自动化程度较高的生产工序劳动力计算

对于自动化程度较高的工序，即以机器生产为主的工序，根据每台设备所需的劳动工日来计算，若用 P_2 表示每班所需人数，则：

$$P_2（人/班）＝\sum K_i M_i（人/班） \tag{5-2}$$

式中，M_i 为 i 种设备每班所需人数；K_i 为相关系数，其值小于等于 1。影响相关系数大小的因素主要有同类设备数量、相邻设备距离远近及设备操作难度、强度及环境等。

5.4.3 生产车间总劳动力计算

在工厂实际生产中，常常是以上两种工序并存。若用 P 表示生产车间的总劳动力数量，则：

$$P（人）＝3S(P_1＋P_2＋P_3) \tag{5-3}$$

式中，3 表示在旺季时实行 3 班制生产；S 为修正系数，其值小于等于 1；P_3 为辅助生产人员总数，如生产管理人员、材料采购及保管人员、运输人员、检验人员等，具体计算方法可查阅设计资料来确定。

5.4.4 应用

以利乐 TBA/8 生产车间的劳动力计算为例。

① 确定工艺流程 由食品工厂的工艺设计可知其工艺流程如图 5-1 所示。

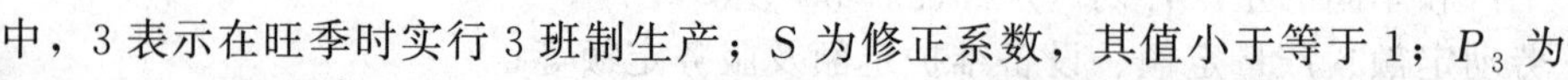

调配 →（管道输送）→ 灌装 →（传送带运输）→ 贴管 →（传送带运输）→ 装箱 → 缩膜 → 入栈 → 检验 → 入库

图 5-1 工艺流程

② 确定设备的生产能力及操作要求　由设备选型资料可知设备的生产能力及操作要求如表 5-1 所示。

表 5-1　利乐 TBA/8 生产车间设备清单

设备名称	生产能力	数量/个	操作人员素质要求	每台所需人数/人
无菌灌装机	6000 包/h	4	大学以上学历	1
贴管机	7500 包/h	4	技术工人	1
缩膜机	1100 包/h	1	技术工人	1

③ 确定工序生产方式　由相关资料可知利乐 TBA/8 车间生产工序如表 5-2 所示。

表 5-2　利乐 TBA/8 车间生产工序情况

工序名称	生产方式
调配	由调配车间调制好调配液经管道自动送入无菌包装机
灌装	采用利乐无菌包装机生产,然后由传送带自动送入贴管机
贴管	由贴管机自动贴管后经传送带自动送到装箱处
装箱	人工装箱后送入缩膜机进行缩膜
缩膜	由缩膜机自动缩膜
入栈	由人工将缩膜好的每箱饮料在栈板分层摆放
检验	由检验员对已摆放好每栈板饮料进行检验
入库	由运输设备搬运入库

④ 计算班产量　根据产品方案可知班产量,但这是一个平均值,而劳动力的需求应以最大班产量来计算,这样才能使生产需求和人员供应达到动态平衡。

⑤ 各生产工序的劳动力计算　利乐 TBA/8 生产车间各生产工序劳动力计算,见表 5-3。

表 5-3　利乐 TBA/8 生产车间各生产工序劳动力计算

工序名称	计算依据	人数	性别	文化素质	主要职责
包装	相关系数 $K_{包装}=1$	4	男	大学以上	无菌包装机的操作、保养及车间设备的维修
贴管	相关系数 $K_{贴管}=0.5$	4	女	中专以上	贴管机的操作、保养
装箱	劳动生产率为 0.001 人/箱	8	女	普通工人	手工装箱
缩膜	相关系数 $K_{缩膜}=1$	1	女	中专以上	缩膜机的操作、保养
入栈	劳动生产率为 0.0003 人/箱	3	男	普通工人	手工搬运产品至栈板并摆放好
检验	劳动生产率为 0.0002 人/箱	2	女	大学以上	检验产品是否合格
入库	每台叉车需 1 人	1	女	中专以上	运输产品入库

⑥ 生产车间劳动力计算　由表 5-3 可知:$P_1=P_{装箱}+P_{入栈}=8+3=11$;$P_2=K_{包装}M_{包装}+K_{贴管}M_{贴管}+K_{缩膜}M_{缩膜}=4\times1+4\times0.5+1\times1=7$(人/班);另外因车间管理和随时调配的需要,需要增加 3 名机动人员,均为男性,大学以上学历,能够参与车间管理和填补每种岗位的空缺。故 $P_3=P_{检验}+P_{入库}+P_{机动}=2+1+3=6$(人/班)。

5.5　劳动定员计算注意事项

① 劳动生产率高低主要取决于原料新鲜度、成熟度、工人熟练程度及设备的机械化、自动化程度,制定产品方案时就应注意到这一点。

② 劳动定员应合理,不能过多、过少。

③ 对于季节性强的产品,在高峰期允许使用临时工,为保证高峰期的正常生产,生产

骨干应为基本工。在平时正常生产时，全年劳动定员应基本平衡，在生产旺季时可使用少量临时工，但应是技术性不强的岗位。

④ 在编排产品方案时，尽可能地用班产量来调节劳动力，使每班所需人数基本相同。

⑤ 食品工厂工艺设计中除按产品的劳动生产率计算外，还得按各工段、各工种的劳动生产定额对劳动力定员进行核算。

第6章

食品工厂公共及辅助设施

从工厂组成的角度来说，除生产车间（物料加工所在的场所）以外的其他部门或设施，都可称为辅助部门，就其所占的空间大小来说，它们往往占着整个工厂的大部分。对食品工厂来说，仅有生产车间是无法生产的，还必须有足够的辅助设施，这些辅助设施可分为三大类：

① 生产性辅助设施　主要包括：原材料的接收和暂存；原料、半成品和成品检验；产品、工艺条件的研究和新产品的试制；机械设备和电气仪器的维修；车间内外和厂内外的运输；原辅材料及包装材料的贮存；成品的包装和贮存等。

② 动力性辅助设施　主要包括：给水排水、锅炉房或供热站、供电和仪表自控、采暖、空调及通风、制冷站、废水处理站等。

③ 生活性辅助设施　主要包括：办公楼、食堂、更衣室、厕所、浴室、医务室、托儿所（哺乳室）、绿化园地、职工活动室及单身宿舍等。

以上三大部分属于工厂设计中需要考虑的基本内容。此外，尚有职工家属宿舍、子弟学校、技校、职工医院等，一般作为社会文化福利设施，可不在食品工厂设计这一范畴内，但也可考虑在食品工厂设计中，以上三大类辅助部门的设计，依其工程性质和工作量大小来决定专业分工。通常第一类辅助设施主要由工艺设计人员考虑，第二类辅助设施则分别是由相应的专业设计各自承担，第三类辅助设施主要由土建设计人员考虑。

因此，本章作为工艺设计的继续，着重叙述生产性辅助设施。

6.1　原料与仓库

掌握原料与成品仓库的形式、容量、对土建的要求及物料周转情况。

6.1.1　原料的形式和仓库容量

生产过程中的第一环节是原料的接收。原料的接收处，大多数设在厂内，也有的需要设在厂外，不论厂内厂外都需要一个适宜的卸货验收计量、及时处理、车辆回转和容器堆放的场地，并配备相应的计量设施（如地磅、电子秤）、容器和及时处理配套设备（如制冷系统）。由于食品原料品种繁多，性状各异，它们对接收站的要求也不同。但无论哪一类原料，

131

对原料的基本要求是一致的：原料应新鲜、清洁、符合加工工艺的规格要求；应未受微生物、化学物质和放射性物质的污染（如无农残污染等）；定点种植、管理、采收，建立经权威部门认证验收的生产基地（无公害食品、有机食品、绿色食品原料基地），以保证加工原料的安全性，这是现代化食品加工厂必须配套的基础设施。现举一些代表性的产品分述如下。

原料接收站是食品工厂生产的第一个环节，这一环节的生产质量如何，将直接影响后面的生产工序。一般地，多数原料接收站设在厂内，也有的设在厂外，或者直接设在产地。不论设在厂内或厂外，原料接收站都需要有适宜的卸货、验收、计量、即时处理、车辆回转和容器堆放的场地，并配备相应的计量装置（如地磅、电子秤）、容器和及时处理配套设备（如冷藏装置）。因食品原料种类繁多，形状各异，对原料接收站的要求也各不相同，现举例说明如下。

6.1.1.1 肉类原料接收站

食品生产中使用的肉类原料，不得使用非正规屠宰加工厂或没有经过专门检验合格的原料。因此，不论是冻肉或新鲜肉，来厂后首先检查有无检验合格证，然后再经地磅计量校核后进库贮藏。

6.1.1.2 水产原料接收站

水产品容易腐败，其新鲜度对食品的质量影响很大，对原料要进行新鲜度、农药残留等污染物的标准化检验；新鲜鱼进厂后必须及时采取冷却保鲜措施。水产品的冻结点一般在 $-0.6 \sim 12℃$ 之间，一般常采用加冰冷却法，将鱼体温度控制在冻结点以上，即 $0 \sim 5℃$。水产品的保鲜期较短，原料接收完毕以后，应尽快进行加工。常用的有加冰保鲜法，或散装，或装箱，其用冰量一般为鱼重的 $40\% \sim 80\%$，保鲜期 $3 \sim 7d$，冬天还可延长。

此法的实施，一是要有非露天的场地；二是要配备碎冰制作设施。另一种适用于肉质鲜嫩的鱼虾、蟹类的保鲜法，是冷却海水保鲜法，其保鲜效果远比加冰保鲜法好。此法的实施需设置保鲜池和制冷机，使池内海水（可将淡水人工加盐至 $2.5 \sim 3.0°Bé$）的温度保持在 $-1.5 \sim -1℃$。保鲜池的大小按鱼水比例 $7:3$、容积系数 0.7 考虑。

6.1.1.3 水果原料接收站

有些水果肉质娇嫩，加工的新鲜度要求特别高，如杨梅、葡萄、草莓、荔枝、龙眼等。这些原料进厂后，在检验合格的基础上，及时对它们进行分选和尽快进入生产车间，减少在外停留时间，特别要避免雨淋日晒。因此，最好放在有助于保鲜而又进出货方便的原料接收站内。另一些水果，如苹果、柑橘、桃、梨、菠萝等进厂后不要求及时加工，相反刚采收的原料还要经过不同程度的后熟期（如西洋梨还需要人工催熟），以改善它们的质构和风味。因此，它们进厂后，或进常温仓库暂贮存，或进冷风库作较长期贮藏。

在进库之前，要进行适当的挑选和分级，也要考虑有足够的场地。

6.1.1.4 蔬菜原料接收站

蔬菜原料因其品种、性状相差悬殊，可接收的要求情况比较复杂。它们进厂后，除需进行常规及安全性验收、计量以外，还得采取不同的措施，如考虑蘑菇类蔬菜护色的护色液的制备和专用容器。由于蘑菇采收后要求立即护色，此蘑菇接收站一般设于厂外，蘑菇的漂洗要设置足够数量的漂洗池。芦笋采收进厂后应一直保持其避光和湿润状态。如不能及时进车间加工，应将其迅速冷却至 4～8℃，并保持从采收到冷却的时间不超过 4h，以此来考虑其原料接收站的地理位置。青豆（或刀豆）要求及时进入车间或冷风库或在阴凉的常温库内薄层散堆，当天用完；番茄原料由于季节性强，到货集中，生产量大，需要有较大的堆放场地。若条件不许可，也可在厂区指定地点或路边设垛，上覆油布防雨淋日晒。

6.1.1.5　乳制品原料接收站

乳品工厂的收奶站一般设在奶源比较集中的地方，也可设在厂内。奶源距离以 10km 以内为好。原料乳应在收奶站迅速冷却至 5℃左右，同时，新收的原料乳应在 12h 内运送到厂。如果收奶站设在厂内，原料乳应迅速冷却，及时加工。

6.1.1.6　粮食原料接收站

对入仓粮食应按照各项标准严格检验。对不符合验收标准的，如水分含量大、杂质含量高等，要整理达标后再接收入仓；对发生过发热、霉变、发芽的粮食不能接收入仓或分开存放。入仓粮食要按不同种类、不同水分、新陈、有虫无虫分开储存，有条件的应分等贮存。除此之外，对于种用粮食要单独贮存。

6.1.2　成品仓库的形式、容量和对土建的要求

食品工厂是物料流量较高的一种企业，仅原辅材料、包装材料和成品这三种物料，其总量就等于成品净重的 3～5 倍，而这些物料在工厂的停留时间往往以星期或月为单位计算。因此，食品厂的仓库在全厂建筑面积中往往占有比生产车间更大的比例。作为工艺设计人员，对仓库问题要有足够的重视。如果考虑不当，工厂建成投产后再找地方扩建仓库，就很可能造成总体布局紊乱，以至流程交叉或颠倒。一些老厂之所以让人觉得布局较乱，问题就出在仓库与生产车间的关系未能处理好。尽管现在有较好的物流系统，工厂本身也希望尽量减少仓库面积，减少原料、半成品、产品在厂内的存放时间，但建厂设计中不可忽略对仓库的设计，尤其在设计新厂时，务必要全面考虑仓库问题，在食品工厂设计中，仓库的容量和在总平面中的位置一般由工艺人员考虑，然后提供给土建专业。

6.1.2.1　食品工厂仓库设置的特点

（1）负荷的不均衡性
特别是以果蔬产品为主的食品厂，由于产品的季节性强，大忙季节各种物料高度集中，仓库出现超负荷，淡季时，仓库又显得空余，其负荷曲线呈剧烈起伏状态。

（2）贮藏条件要求高
要确保食品卫生，要求防蝇、防鼠、防尘、防潮，部分贮存库要求低温、恒温、调湿及具有气调装置。

（3）决定库存期长短的因素较复杂
特别是以生产出口产品为主的食品厂，成品库存期长短常常不决定于生产部门的规划，而决定于市场上的销售渠道是否畅通。食品进行加工的目的之一就是调整市场的季节差，所

以产品在原料旺季加工、淡季销售甚至于全年销售应是一种正常的调节行为，这也是需较大容量成品库的一个重要原因。

6.1.2.2 仓库的类别

食品工厂仓库的名目繁多，主要有：原料仓库（包括常温库、冷风库、高温库、气调保鲜库、冻藏库等）；辅助材料库（存放糖、油、盐及其他辅料）；保温库（包括常温库和37℃恒温库）；成品库（包括常温库和冷风库）；马口铁（即镀锡钢板）仓库（存放马口铁）；空罐仓库（存放空罐成品和底盖）；包装材料库（存放纸箱、纸板、塑料袋、商标纸等）；五金库（存放金属材料及五金器件）；设备工具库（存放某些工具及器具）。此外，还有玻璃瓶及箱、筐堆场以及危险品仓库等。

6.1.2.3 仓库容量的确定

对某一仓库的容量，可按式（6-1）确定：

$$V = WT \qquad\qquad (6\text{-}1)$$

式中　V——仓库应该容纳的物料量，t；

　　　W——单位时间（日或月）的物料量；

　　　T——存放时间（日或月）。

在这里，单位时间的物料量应包括同一时期内，存放同一库内的各种物料的总量。食品工厂的生产是不均衡的，所以，W 的计算一般以旺季为基准，可通过物料衡算求取，而存放时间 T 则需要根据具体情况合理地选择确定。现以几个主要仓库为例，加以说明。

① 原料仓库的容量，从果蔬加工的生产周期角度考虑，一般有 2～3d 的储备量即可，但食品原料大多来源于初级农产品，农产品有很强的季节性，有的采收期很短，原料进厂高度集中，这就要求仓库有较大的容量，但究竟要多大的容量，还得根据原料本身的贮藏特性和维持贮藏条件所需的费用，以及是否考虑增大班产规模等，作综合分析比较后确定，不能一概而论。

② 一些容易老化的蔬菜原料，如芦笋、蘑菇、刀豆、青豆类，它们在常温下耐贮藏的时间是很短的，对这类原料库存时间 T 只能取 1～2d，即使使用高温库贮藏（其中蘑菇不宜冷藏），贮藏期也只有 3～5d。对这类产品，较多采用增大生产线的生产能力和增开班次来解决。

③ 另一些果蔬汁原料比较耐贮藏，存放时间 T 可取较大值，如苹果、柑橘、梨类，在常温条件下，可存放几天到十几天，如果采用高温库贮藏，在进库前拣选处理得好，可存放 2～3 个月，然而，存放时间越长，损耗就越大，动力消耗也越多，应通过经济分析确定一个合理的存放时间。但需注意的是，以果蔬加工为主的食品工厂，在确定高温库的容量时，要仔细衡算其利用率，因为果蔬原料贮藏期短，季节性又强，库房在一年中很大一部分时间可能是空闲的。一种补救办法是吸收社会上的贮存货源（如蛋及鲜果之类），以提高库房的利用率。

④ 在冻藏库贮存冻结好的肉禽和水产原料，其存放时间可取 30～45d，冻藏库的容量可根据实践经验，直接按年生产规模的 20%～25% 来确定。

⑤ 包装材料的存放时间一般可按 3 个月的需要考虑，并以包装材料的进货是否方便来增减，如建在远离海港或铁路地区的食品工厂或乳品工厂，包装材料的进货次数最少应考虑半年的存放量，以保证生产的正常进行。此外，如前所述，由于生产计划的临时变更，事先印好的包装容器可能积压下来，一直要到来年才能继续使用。在确定包装材料的容量时，对这种情况也要作适当的考虑。同时还应考虑工厂本身的资金多少来具体确定包装材料的一次

进货量。

⑥ 成品库的存放时间与成品本身是否适宜久藏及销售半径长短有关,如乳品工厂的瓶装或塑料袋装消毒牛乳或酸乳等产品,在成品库中仅停留几个小时,而奶粉则可按 15～33d 考虑,饮料可考虑 7～10d。至于罐头成品,从生产周期来说,有 1 个月的存放期就够了,但因受销售情况等外界因素的影响,宜按 2～3 个月的量或全年产量的 1/4 来考虑。

6.1.2.4　食品工厂仓库对土建的要求

(1) 果蔬原料库

果蔬原料的贮藏,一般用常温库,可采用简易平房,仓库的门要方便车辆的进出,库温视物料对象而定,耐藏性好的可以在冰点以上附近,库内的相对湿度以 85%～90% 为宜(如需要,对果蔬原料还可以采用气调贮藏、辐射保鲜、真空冷却保鲜等)。由于果蔬原料比较松散娇嫩,不宜受过多的装卸折腾。果蔬原料的贮存期短,进出库频繁,故高温库一般以建成单层平房或设在多层冷库的底层为宜。

(2) 肉禽原料库

肉禽原料的冻藏库温度为 $-18～-15℃$,相对湿度为 95%～100%,库内采用排管制冷,避免使用冷风机,以防物料干缩。

(3) 成品库

要考虑进出货方便,地坪或楼板要结实,每平方米要求能承受 1.5～2.0t 的荷载,为提高机械化程度,可使用铲车。托盘堆放时,需考虑附加荷载。

(4) 马口铁仓库

因负荷太大,只能设在多层楼房底层,最好是单独的平房。地坪的承载能力宜按 10～12t/m^2 考虑。为防止地坪下陷,造成房屋开裂,在地坪与墙柱之间应设沉降缝。如考虑堆高超过 10 箱时,则库内应装设电动单梁起重机,此时单层高应满足起重机运行和起吊高度等的要求。

(5) 空罐及其他包装材料

仓库要求防潮、去湿、避晒,窗户宜小不宜大。库房楼板的设计荷载能力,随物料容重而定,物料容重大的,如罐头成品库之类,宜按 1.5～2t/m^2 考虑,容重小的如空罐仓库,可按 0.8～1t/m^2 考虑。介于这两者之间的按 1.0～1.5t/m^2 考虑。如果在楼层使用机动叉车,由土建设计人员加以核定。

6.2　化验室和机修间

应掌握化验室和机修间的主要设施,及厂内外运输设备的种类及车库情况。

6.2.1　化验室的主要设施

6.2.1.1　化验室的任务及组成

(1) 按检验对象划分(罐头食品工厂)

原料检验、半成品检验、成品检验、镀锡薄板及涂料的检验、其他包装各种添加剂检验、水质检验及环境监测等。

（2）按检验项目划分

感官检验、物理检验、化学检验及微生物检验等。

（3）化验室的组成

① 感官检验室（可兼作日常办公室）；

② 物理检验室；

③ 化学检验室；

④ 空罐检验室；

⑤ 精密仪器室；

⑥ 细菌检验室（包括预备室、无菌室、细菌培养室、镜检室等）；

⑦ 贮藏室。

6.2.1.2　化验室的基础设施建设

化验室的基础设施建设主要内容是基本化验室的基础设施建设、精密仪器室的基础设施建设和辅助室的基础设施建设三部分。基本化验室内的基础设施有：实验台与洗涤池；通风柜与管道检修井；带试剂架的工作台或辅助工作台；药品橱以及仪器设备等。

（1）实验台的布置方式

化验室一般采用岛式、半岛式实验台。岛式试验台，实验人员可以在四周自由行动，在使用中是比较理想的一种布置形式。其缺点是占地面积比半岛式实验台大，另外实验台上配管的引入比较麻烦。

半岛式实验台有两种：一种为靠外墙设置；另一种为靠内墙设置。半岛式实验台的配管可直接从管道检修或从靠墙立管直接引入，这样不但避免了岛式的不利因素，又省去一些走道面积。靠外墙半岛式实验台的配管可通过水平管接到靠外墙立管或管道井内。靠内墙半岛式实验台的缺点是自然采光较差。为了在工作发生危险时易于疏散，实验台间的走道应全部通向走廊。

从以上分析可知，岛式实验台虽在使用上比半岛式实验台理想，但从总的方面看半岛式在设计上比较有利。

（2）化学实验台的设计

化学实验台有两种：单面实验台（或称靠墙实验台）和双面实验台（包括岛式实验台和半岛式实验台）。在化验中双面实验台的应用比较广泛。

化学实验台的尺度一般有如下要求。

① 长度　化验人员所需用的实验台长度，由于实验性质的不同，其差别很大，一般根据实际需要选择合适的尺寸。

② 台面高度　一般选取 850mm 高。

③ 宽度　实验台的每面净宽一般考虑 650mm，最小不应少于 600mm，台上如有复杂的实验装置也可取 700mm，台面上药品架部分可考虑宽 200～300mm。一般双面实验台采用 1500mm，单面实验台为 650～850mm。

一个化学实验台主要由台面和台下的支座或器皿构成。为了实验操作方便，在台上往往设有药品架、线通道、管线架、管线盒和洗涤池等装置。实验台上的设施通常是为了满足实验的各种需求，提高实验的便利性、安全性和效率。

6.2.2　机修间的主要设施

6.2.2.1　机修车间的组成

① 中小型食品工厂一般只设厂一级机修，负责全厂的维修业务。

② 大型食品工厂可设厂部机修和车间保全两级机构。厂部机修负责非标准设备的制造和较复杂设备的维修，车间保全则负责本车间设备的日常维护。

③ 机修车间一般由机械加工、冷作及模具锻打等几部分组成。

④ 铸件一般通过外协作解决，作为附属部分，机修车间还包括木工间和五金仓库等。

6.2.2.2　机修车间常用设备

机修车间常用设备见表 6-1。

表 6-1　机修车间常用设备

型号名称	性能特点	加工范围/mm	总功率/kW
普通车床 C6127	适于车削各种旋转表面及公英制螺纹,结构轻巧,灵活简便	工件最大直径 φ270 工件最大长度 800	1.5
普通车床 C616	适用于各种不同的车削工作,床身较短,结构紧凑	工件最大直径 φ320 工件最大长度 500	4.75
普通车床 C620A	精度较高,可车削 7 级精度的丝杆及多头蜗杆	工件最大直径 φ400 工件最大长度 750～2000	7.625
普通车床 CQ6140A	可进行各种不同的车削加工,并附有磨铣附件,可磨内外圆铣键槽	工件最大直径 φ400 工件最大长度 1000	6.34
普通车床 C630	属于万能性车床,能完成各种不同的车削工作	工件最大直径 φ650 工件最大长度 2800	10.125
普通车床 CM6150	属精密万能车床,只许用于精车或半精车加工	工件最大直径 φ500 工件最大长度 1000	5.12
摇臂钻床 Z3025	具有广泛用途的万能型机床,可以钻、扩、镗、铰、攻丝等	最大钻孔直径 φ25 最大跨距 900	3.125
台式钻床 ZQ4015	可钻、扩、铰孔加工	最大钻孔直径 φ15 最大跨距 193	0.6
圆柱立式钻床	属简易型立式钻床,易维护,体小轻便,并能钻斜孔	最大钻孔直径 φ15 最大跨距 400～600	1.0
单柱坐标镗床 T4132	可加工孔距相互位置要求极高的零件,并可做轻微的铣削工作	最大加工孔径 φ60	3.2
卧式镗床 T616	适用于中小型零件的水平面、垂面、倾斜面及成型面等	最大刨削长度 500	4.0
牛头刨床 B665	适用于中小型零件的水平面、垂面、倾斜面及成型面等	最大刨削长度 650	3.0

6.2.3　厂内外运输设备的种类及车库情况

将工厂运输列入设计范围，是因为运输设备的选型，与全厂总平面布局、建筑物的结构形式、工艺布置及劳动生产率均有密切关系。工厂运输是生产机械化、自动化的重要环节。

在计算运输量时，应注意不要忽略包装材料的质量。比如罐头成品的吨位和瓶装饮料的吨位都是以净重计算的，它们的毛重要比净重大得多，前者等于净重的 1.35～1.4 倍，后者（以 250mL 汽水为例）等于净重的 2.3～2.5 倍。

下面简单介绍一下常用的运输设备，以供选择。

6.2.3.1　厂外运输

进出厂的货物，大多通过公路或水路（除特殊情况外，现已很少用水路）。公路运输视物料情况，一般采用载重汽车，而对冷冻食品要采用保温车或冻藏车（带制冷机的保温车），鲜奶原料最好使用奶槽车。运输工具现在大部分食品工厂仍是自己组织安排，但已逐步由有实力的物流系统来承担。

6.2.3.2　厂内运输

厂内运输主要是指车间外厂区的各种运输，由于厂区道路较狭窄，转弯多，许多货物有时还直接进出车间，这就要求运输设备轻巧、灵活，装卸方便，常用的有电瓶叉车、电瓶平板车、内燃叉车以及各类平板手推车、升降式手推车等。

6.2.3.3　车间运输

车间内运输与生产流程往往融为一体，工艺性强，如输送设备选择得当，将有助于生产流程更加完美。下面按输送类别并结合物料特性介绍一些输送设备的选择原则。

（1）垂直输送

生产车间采用多层楼房的形式时，就必须考虑物料的垂直运输。垂直运输设备最常见的是电梯，它的载重量大，常用的有 1t、1.5t、2t，轿厢尺寸可任意选用 1.4m×1.6m×2.2m、1.5m×1.9m×2.2m、1.7m×1.9m×2.2m 等，可容纳大尺寸的货物甚至整部轻便车辆，这是其他输送设备所不及的。但电梯也有局限性，如：它要求物料另用容器盛装；它的输送是间歇的，不能实现连续化；它的位置受到限制，进出电梯往往还得设有较长的输送走廊；电梯常出故障，且不会很快修好，影响生产正常进行。因此在设置电梯的同时，还可选用斗式提升机、金属磁性升降机、真空提升装置、物料泵等。

（2）水平输送

车间内的物料流动大部分呈水平流动，最常用的是带式输送机。输送带的材料要符合食品卫生要求，用得较多的是胶带或不锈钢带、塑料链板或不锈钢链板，而很少用帆布带。干燥粉状物料可使用螺旋输送机。包装好的成件物品常采用滚筒输送机，笨重的大件可采用低起升电瓶铲车或普通铲车。此外，一些新的输送方式也在兴起，输送距离远，且可以避免物料的平面交叉等。

（3）起重设备

车间内的起重设备常用的有电动葫芦、手拉葫芦、手动或电动单梁起重机等。

6.3　排水及供汽

6.3.1　排水

6.3.1.1　设计内容及所需的基础资料

（1）设计内容

整体项目的给排水设计包括：取水及净化工程、厂区及生活区的给排水管网、车间内外给排水管网、室内卫生工程、冷却循环水系统、消防系统等。

（2）设计所需基础资料

就整体设计而言，给排水设计大致需要收集如下资料：

① 各用水部门对水量、水质、水温的要求及负荷的时间曲线；

② 建厂所在地的气象、水文、地质资料，特别是取水河、湖的详细水文资料（包括原水水质分析报告）；

③ 引水、排水路线的现状及有关的协议或拟接进厂区的市政自来水管网状况；

④ 厂区和厂区周围地质、地形资料（包括外沿的引水、排水路线）；

⑤ 当地废水排放和公安消防的有关规定；

⑥ 当地管材供应情况。

6.3.1.2 食品工厂对水质的要求

不同的用途，有不同的水质要求。

食品工厂水的用途可分为：一般生产用水、特殊生产用水、冷却用水、生活用水和消防用水等。

一般生产用水和生活用水的水质要求符合生活饮用水标准。特殊生产用水是指直接构成某些产品组分的用水和锅炉用水。这些用水对水质有特殊要求，必须在符合 GB 5749—2022《生活饮用水卫生标准》基础上给予进一步处理。现将各类用水水质标准的某些项目指标列于表 6-2 中。

表 6-2 各类用水水质标准

项目	生活饮用水	清水类罐头用水	饮料用水	锅炉用水
pH	6.5~8.5			>7
总硬度(以 CaCO_3 计)/(mg/L)	<250	<100	<50	<0.1
总碱度/(mg/L)			<50	
铁/(mg/L)	<0.3	<0.1	<0.1	
酚类/(mg/L)	<0.05	无	无	
氧化物/(mg/L)	<250		<80	
余氯/(mg/L)	0.5	无		

以上特殊用水，一般由工厂自设一套进一步处理系统，处理的方法有精滤、离子交换、电渗析、反渗透等，视具体情况分别选用。

冷却水（如制冷系统的冷却用水）和消防用水。在理论上，其水质要求可以低于生活饮用水标准，但在实际上，由于冷却用水往往循环使用，用量不大，为便于管理和节省一些投资，大多食品工厂并不另设供水系统。

6.3.1.3 水源

水源的选择，应根据当地的具体情况进行技术经济比较后确定。在有自来水的地方，一般优先考虑采用自来水。如果工厂自制水，则尽可能首先考虑地面水。各种水源的优缺点比较见表 6-3。

表 6-3 各种水源的优缺点比较

水源类别	优点	缺点
自来水	技术简单，一次性投资者，上马快，水质可靠	水价较高，经常性费用大

水源类别	优点	缺点
地下水	可就地直接取用,水质稳定,且不易受外部污染,水温低,且基本恒定,一次性投资不大,经常性费用小	水中矿物质和硬度可能过高,甚至有某种有害物质。抽取地下水会引起地面沉降
地面水	水中溶解物少,经常性费用低	净水系统技术管理复杂,构筑物多,一次性投资大,水质水温随季节变化大

6.3.1.4 给水系统

① 自来水给水系统,见图 6-1。

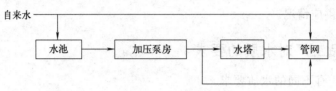

图 6-1 自来水给水系统示意图

② 地下水给水系统,见图 6-2。

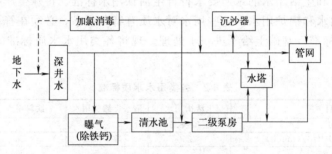

图 6-2 地下水给水系统示意图

③ 地面水给水系统,见图 6-3。

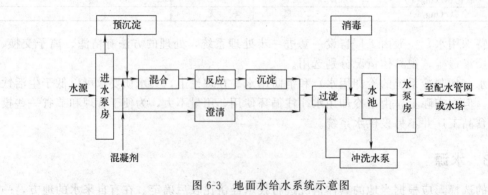

图 6-3 地面水给水系统示意图

6.3.1.5 配水系统

水塔以下的给水系统统称为配水系统。小型食品工厂的配水系统,一般采用枝状管网。大中型厂生产车间,一个车间的进水管往往分几路接入,故多采用环状管网,以确保供水正常。

管网上的水压必须保证每个车间或建筑物的最高层用水的自由水头不小于 6～8m，对于水压有特殊要求的工段或设备，可采取局部增压措施。

室外给水管线通常采用铸铁管埋地敷设，管径的选择应恰到好处，太大了浪费管材，太小了压头损失大，动力消耗增加，为此，管内流速应控制在经济合理的范围内。管道的压力降一般控制在每 100m 490.33Pa 之内为宜。

6.3.1.6　排水系统

（1）排水量计算

食品工厂的排水量普遍较大，排水中包括生产废水、生活污水和雨水。

生产废水和生活污水，根据国家环境保护法，须经过处理达到排放标准后才能排放。生产废水和生活污水的排放量可按生产和生活最大每小时给水量的 85%～90% 计算。雨水量按式（6-2）计算。

$$W = q\varphi F \qquad (6-2)$$

式中　W——雨水量，kg/s；

　　　q——暴雨强度，$kg/(s \cdot m^2)$（可查阅当地有关气象、水文资料）；

　　　φ——径流系数，食品工厂一般取 0.5～0.6；

　　　F——厂区面积，m^2。

（2）有关排水设计要点

① 工厂安全卫生是食品工厂的头等要事，而排水设施和排水效果的好坏又直接关系到工厂安全卫生面貌的优劣，工艺设计人员对此应足够注意。

生产车间的室内排水（包括楼层）宜采用无盖板的明沟，或采用带水封的地漏，明沟要有一定的宽度（200～300mm）、深度（150～400mm）和坡度（＞1%），车间地坪的排水坡度宜为 1.5%～2.0%。

② 在进入明沟排水管道之前，应设置格栅，以截留固体杂物，防止管道堵塞，垂直排水管的口径应比计算选大 1～2 号，以保持排水通畅。

③ 生产车间的对外排水口应加设防鼠装置，宜采用水封窨井，而不用存水弯，以防堵塞。

④ 生产车间内的卫生消毒池、地坑及电梯坑等，均需考虑排水装置。

⑤ 车间的对外排水尽可能考虑清浊分流，其中对含油脂或固体残渣较多的废水（如肉类和水产加工车间），需在车间外，经沉淀池撇油和去渣后，再接入厂区下水管。室外排水也应采用清浊分流制，以减少污水处理量。

⑥ 食品工厂的厂区污水排放不得采用明沟，而必须采用埋地暗管，若不能自流排出厂外，要采用排水泵进行排放。

⑦ 厂区下水管也不宜用渗水材料砌筑，一般采用混凝土管，其管顶埋设深度一般不宜小于 0.7m。由于食品工厂废水中含有固体残渣较多，为防止淤塞，设计管道流速应大于 0.8m/s，最小管径不宜小于 150mm，同时每隔一段距离应设置窨井，以便定期排除固体污物。

6.3.2　供汽

6.3.2.1　食品工厂的用汽要求

食品工厂使用蒸汽的部门主要有生产车间（包括原料处理、配料、热加工、成品杀菌等）和辅助生产车间（如综合利用、罐头保温库、试制室、洗衣房、浴室、食堂等）。用汽压力，除以蒸汽作为热源的热风干燥、高温油炸、真空熬糖等要求较高的压力（0.8～1.0MPa）外，其他用汽压力大都在 0.7MPa 以下，有的只要求 0.2～0.3MPa。因此，在使用时需经过减压，以确保用汽安全。由于食品工厂生产的季节性较强，用汽负荷波动较大，为适应这种情况，食品厂的锅炉台数不宜少于 2 台，并尽可能采用相同型号的锅炉。

6.3.2.2 锅炉容量的确定

锅炉的额定容量 Q，可按式（6-3）确定：

$$Q = 1.15(0.8Q_c + Q_s + Q_z + Q_g) \tag{6-3}$$

式中　Q——锅炉额定容量，t/h；

　　　Q_c——全厂生产用的最大蒸汽耗量，t/h；

　　　Q_s——全厂生活用的最大蒸汽耗量，t/h；

　　　Q_z——锅炉房自用蒸汽量，t/h（一般取 5%～8%）；

　　　Q_g——管网热损失，t/h（一般取 5%～10%）。

6.3.2.3 锅炉房在厂区的位置

近年来，我国锅炉用燃料正在由烧煤逐步转向烧油，这主要是为了解决大气污染的问题，但目前仍有不少工厂在烧煤，为此本节对锅炉房的要求以烧煤锅炉为基准进行介绍。烧煤锅炉烟囱排出的气体中，含有大量的灰尘和煤屑。这些尘屑排入大气以后，由于速度减慢而散落下来，造成环境污染。同时，煤堆场也容易给环境带来污染。所以，从工厂的角度考虑，锅炉房在厂区的位置应选在对生产车间影响最小的地方，具体要满足以下要求：

① 应设在生产车间污染系数最小的上侧或全年主导风向的下风向；

② 尽可能靠近用汽负荷中心；

③ 有足够的煤和灰渣堆场；

④ 与相邻建筑物的间距应符合防火规程安全和卫生标准；

⑤ 锅炉房的朝向应考虑通风、采光、防晒等方面的要求。

6.3.2.4 锅炉房的布置和对土建的要求

锅炉机组原则上应采用单元布置，即每只锅炉单独配置鼓风机、引风机、水泵等附属设备。烟囱及烟道的布置应力求使每只锅炉的抽力均匀并且阻力最小。烟囱离开建筑物的距离，应考虑烟囱基础下沉时，不致影响锅炉房基础。锅炉房采用楼层布置时，操作层楼面标高不宜低于 4m，以便出渣和进行附属设备的操作。锅炉房大多数为独立建筑物，不宜和生产厂房或宿舍连接在一起。在总体布置上，锅炉房不宜布置在厂前区或主要干道旁，以免影响厂容整洁，锅炉房属于丁类生产厂房，其耐火等级为 1～2 级。锅炉房应结合门窗位置，设有通过最大搬运体的安装孔。锅炉房操作层楼面荷重一般为 1.2t/m²，辅助间楼面荷重一般为 0.5t/m²，载荷系数取 1.2。在安装振动较大的设备时，其门向外开。锅炉房的建筑不采用砖木结构，而采用钢筋混凝土结构，当屋面自重大于 120kg/m² 时，应设汽楼。

6.3.2.5 锅炉的选择

锅炉型式要根据全厂用汽负荷的大小、负荷随季节变化的曲线、所要求的蒸汽压力以及当地供应燃料的品质，并结合锅炉的特性，按照高效、节能、操作和维修方便等原则加以确定。食品工厂应特别避免采用沸腾炉和煤粉炉，因为这两种型式的锅炉容易造成煤屑和尘土的大量飞扬，影响卫生。按我们现行能源政策，用汽负荷曲线不平稳的食品工厂搞余热发电是不可取的。食品工厂用的锅炉燃烧方式应优先考虑链条炉排。

6.3.2.6　烟囱及烟道除尘

锅炉烟囱的口径和高度首先应满足锅炉的通风。即烟囱的抽力应大于锅炉及烟道的总阻力。其次，烟囱的高度还应满足大气环境保护及卫生的要求。烟尘与二氧化硫在烟囱出口处的允许排放量与烟囱的高度相关，见表 6-4。

表 6-4　烟囱高度与允许排放量

烟囱高度/m		30	35	40	45	50
允许排放量/(kg/h)	烟尘	16	25	35	50	100
	二氧化碳	82	100	130	170	230

6.3.2.7　锅炉的给水处理

锅炉属于特殊的压力容器。水在锅炉中受热蒸发成蒸汽，原水中的矿物质则留在锅炉中形成水垢。当水垢严重时，不仅影响锅炉的热效率，而且将严重影响锅炉的使用寿命。

一般自来水均达不到上述要求，需要因地制宜地进行软化处理（表 6-5）。处理的方法有多种。所选择的方法必须保证锅炉的安全运行，同时又保证蒸汽的品质符合食品卫生要求。水管一般采用炉外化学处理法。炉内水处理法（防垢剂法）在国内外也有采用。炉外化学处理法以离子交换软化法用得最广，并可以买到现成设备——离子交换器。

表 6-5　锅炉给水水质要求

	锅炉类型	锅壳锅炉		自然循环水管炉及有水冷壁的火管炉			
项目	蒸汽压力/MPa	≤1.3		≤1.3		1.4～2.5	
	平均蒸发率/[kg/(m²·h)]	<30	>30				
	有无过滤器			无	有	无	有
给水	总硬度/mmol	<0.5	<0.35	0.1	<0.035	0.035	<0.035
	含氧量/(mg/L)			0.1	<0.05	0.05	<0.05
	含油量/(mg/L)	<5	<5	<5	<2	<2	<2
	pH	>7	>7	>7	>7	>7	>7

离子交换器使水中的钙、镁离子被置换，从而使水得到软化。对于不同的水质，可以分别采用不同形式的离子交换器。

6.3.2.8　煤和灰渣的贮运

煤场存煤量可按 25～30d 的煤耗量考虑，粗略估算每 1t 煤可产 6t 蒸汽，煤堆高度为1.2～1.5m，宽度为 10～15m，煤堆间距为 6～8m。煤场一般为露天堆场，也可建一部分干煤棚。煤场中的转运设备，小型锅炉房一般用手推车，运煤量较大时可用铲车或移动式支带输送机。锅炉的炉渣用人工或机械排送到灰渣场，渣场的贮量一般按不少于 5d 的最大渣量考虑。

第 7 章

食品企业环境保护

7.1 绪论

7.1.1 食品工厂设计的背景

食品工厂作为食品生产的重要基础，其设计和建设关系到生产效率、食品质量和安全、环境保护等方面，是保障食品质量和安全的重要保证。随着食品工业的快速发展，食品工厂设计的重要性越来越受到人们的关注。

首先，食品工厂设计的背景是食品工业快速发展的需求。随着我国食品行业的快速发展，食品生产企业的数量不断增加，食品工厂的规模和技术水平也不断提高。为了满足不断增长的市场需求，食品工厂需要不断提高生产效率和质量，降低生产成本。同时，还需要采用更先进的技术和设备，提高产品的品质和安全性，保障消费者的健康和安全。

其次，食品工厂设计的背景是环境保护的需要。随着人们环境保护意识的提高，食品工业也在逐步加强环境保护措施。食品工艺生产过程中产生的废气、废水、固废等污染物的处理和管理已成为食品工业发展中的一个重要问题。同时，食品工厂还需要采取有效的安全防范措施，保障员工和消费者的生命财产安全。

最后，食品工厂设计的背景是国家政策的要求。为了促进食品工业的健康发展，我国不断出台相关政策和法规，对食品工厂的建设和管理提出了更高的要求。例如《中华人民共和国食品安全法》等法律法规对食品工艺生产过程中的污染控制、食品生产车间的卫生要求等方面进行了规定。

7.1.2 食品工厂设计的意义

7.1.2.1 提高生产效率和产品质量

食品工厂的设计和建设关系到生产效率和产品质量。通过合理的工厂布局和设备配置，可以提高生产效率和质量，降低生产成本，提高市场竞争力。例如，合理的生产线布局和设备配置可以缩短生产周期，降低能耗和物料损耗，提高生产效率；采用先进的生产技术和设备，可以提高产品的品质和安全性，满足消费者对高品质、安全、健康食品的需求。

7.1.2.2　保障食品安全和消费者健康

食品工厂是保障食品安全和消费者健康的重要保证。通过合理的工厂布局和设备配置，可以控制生产过程中的污染物排放和交叉污染，确保产品的质量和安全性。例如，通过建设合理的污水处理设施和垃圾处理设施，可以减少废水和固废的排放，避免对周围环境和人体健康造成危害；同时，通过建设洁净车间和实施严格的卫生管理制度，可以防止交叉污染和微生物污染，确保产品的质量和安全性。

7.1.2.3　保护环境和生态

食品工厂生产过程中产生的废气、废水、固废等污染物的处理和管理是保护环境和生态的重要一步。通过合理的工厂设计和设备配置，可以减少污染物的排放和对环境的影响。例如，通过采用先进的污染物处理技术和设备，可以将废气、废水等污染物处理成无害物质或资源化利用，降低对环境的影响；同时，通过建设绿色厂区、推广清洁生产等环保措施，可以减少生产过程中的能源消耗和资源浪费，促进可持续发展。

7.1.3　食品工厂设计中存在的环保问题

在食品生产过程中，可能会产生有害的废物，如含重金属的废水、含有害气体的废气等。这些有害物质的排放对周边环境和人体健康都可能造成危害。

为了减少有害物质对环境和健康的影响，食品工厂应该选择符合国家标准的原材料和添加剂，采取科学的生产工艺，做好废物的分类处理和安全处置。同时，加强监管和检测，对产品中的有害物质进行限制和控制。

食品工厂的设计和建设过程中，存在着一些与环保相关的问题。主要包括以下几个方面。

7.1.3.1　废水排放和处理

食品生产过程中会产生大量的废水，其中可能含有有机物、营养物、微生物等污染物，如COD、BOD❶ 会比较高，对周边的水源和水环境造成影响。废水的主要来源包括清洗、冷却、加工等环节。其中，清洗是废水产生的主要原因，食品加工过程中需要清洗食材、器具、设备等，产生的废水含有污染物质的量高、种类多。这些污染物可能包括有机物、氮、磷等营养物，还有可能含有重金属、抗生素等有害物质。如果直接排放到环境中，会对周围环境和水体造成污染。因此，需要对废水进行处理，将其中的有害物质去除或转化成无害物质。传统的废水处理方法包括生物法、物理法和化学法等，现代的技术包括膜分离、高级氧化等。

为了减少废水对环境的影响，食品工厂可以采取多种措施，如改进清洗工艺、回收废水、减少废水排放等。同时，废水处理也是必要的一步。

7.1.3.2　废气排放和处理

食品生产过程中也会产生大量的废气，其中可能含有氮氧化物、二氧化硫、氯气等

---

❶　COD，即化学需氧量，是指在一定条件下，用强氧化剂（如重铬酸钾）氧化水中的有机物和还原性无机物所消耗的氧量。COD越高，表示水中有机污染物越多，水体受污染程度越严重。

BOD，即生化需氧量，是指水中的有机物被微生物分解时所消耗的溶解氧量。BOD是衡量污水中有机物含量的指标，反映了污水被微生物分解时对溶解氧的需求量。BOD越高，表示水中有机物越多，水体受污染程度越严重。

有害物质，如果直接排放到大气中，对周边环境和人体健康都可能造成危害。废气的主要来源包括燃烧过程、食品加工过程和污水处理等。燃烧是废气产生的主要原因，比如加热、烘焙等过程都会产生废气。因此，需要对废气进行处理，将其中的有害物质去除或转化成无害物质。常用的废气处理方法包括吸附、氧化、还原等，即物理吸收、化学吸收、氧化分解等。

为了减少废气对环境的影响，食品工厂可以采取多种措施，如改进生产工艺、使用低污染燃料、加装废气处理设备等。

7.1.3.3 固体废物处理

食品工厂生产过程中会产生大量的固体废物，包括包装材料、废旧设备、废弃食品、食品残渣、油脂废料、生物质废料等，主要来源包括生产过程中的食材剩余、加工过程中产生的废料等。其含有有机物、营养物等，如果随意处理或排放，会对环境造成污染和垃圾堆积，可能导致臭味、污染土壤和水源等问题，甚至引发火灾等安全事故。因此，食品工厂可以采取多种措施，如分类处理、回收再利用、填埋和焚烧等。其中，回收再利用是最为环保和经济的方法，如将剩余的食材用于饲料加工，将油脂废料用于生物柴油制造等。

7.1.4 食品工厂设计中的环保技术

为解决上述环保问题，食品工厂设计需要采用先进的环保技术和设备。下面列举几种常用的环保技术。

7.1.4.1 膜技术

膜技术是一种常用的水处理技术，可有效去除水中的悬浮物、有机物和微生物等，同时具有高效、低成本等优点。膜技术包括微滤、超滤、纳滤、反渗透等不同类型，可以根据不同的水质和处理要求进行选择。

7.1.4.2 生物处理技术

生物处理技术是一种将有机物转化为无害物质的废水处理技术，主要包括活性污泥法、生物膜法、固定化生物技术等。生物处理技术具有低成本、低能耗等优点，但需要对微生物的生长和繁殖环境进行严格控制，以确保处理效果。

7.1.4.3 吸附技术

吸附技术是一种常用的废气处理技术，可以去除废气中的有害物质，如 VOC（挥发性有机物）、氮氧化物等。吸附材料包括活性炭、分子筛、膨胀黏土等，可以根据不同的废气成分选择不同的吸附材料。

7.1.4.4 催化氧化技术

催化氧化技术是一种将废气中的有害物质转化为无害物质的技术，主要通过催化剂对废气进行氧化反应来实现。常用的催化剂包括金属氧化物、活性炭等，可以根据不同的废气成分选择不同的催化剂。

7.1.4.5　电解技术

电解技术是一种将废水中的有害物质通过电解反应转化为无害物质的技术。常用的电解技术包括电化学氧化、电化学还原等，可以根据废水成分进行选择。

以上环保技术和设备可以结合具体的生产工艺和环保要求进行选择和设计，以实现食品工厂的环保目标。

7.1.5　食品工厂设计中的安全防范措施

除了环保问题外，食品工厂的设计中还需要考虑安全问题，如防火、防爆、防盗等。下面列举几种常见的安全防范措施。

7.1.5.1　防火措施

防火是食品工厂设计中必须考虑的问题之一。因为食品工厂中存在易燃物、易爆物等，一旦发生火灾后果不堪设想。因此，需要对食品工厂进行防火设计，采用防火材料，设置防火隔离带等。

同时，要加强员工的消防安全意识，定期开展消防演习，检查消防设施的完好性和有效性，确保一旦发生火灾，能够及时有效地处置。

7.1.5.2　防爆措施

食品工厂中存在易爆物，如气体、粉尘等，一旦出现火花或静电等可能引发爆炸。因此，需要在食品工厂设计中考虑防爆措施，如采用防爆设备、设置静电导线、加强通风排气等。

7.2　噪声、振动、光污染等对周边环境的影响

除了废水、废气、废渣等污染物，食品工厂的生产还可能会产生噪声、振动、光污染等对周边环境产生影响。具体来说，包括以下几个方面。

7.2.1　噪声的影响

食品生产过程中会产生噪声，主要来源包括机械设备的运行、搬运物料等。长期处于噪声环境中会对人体造成不良影响，如听力下降、心理疾病等。同时，噪声也可能影响周边居民的生活质量。

为了减少噪声的影响，食品工厂可以采取多种措施，如选择低噪声设备、减少机械设备的运行时间、进行隔音等。同时，应该加强监管和管理，对超标的噪声进行处罚和限制。

7.2.2　振动的影响

食品生产中也可能产生振动，主要来源包括机械设备的振动、输送带的振动等。长期处于振动环境中会对人体造成不良影响，如腰椎疾病、神经系统疾病等。

为了减少振动的影响，食品工厂可以采取多种措施，如选择低振动的设备、进行隔振等。同时，应该加强监管，对超标的振动进行处罚和限制。

7.2.3 光污染的影响

食品工厂的生产也可能会产生光污染，主要是指人为的光污染，如夜间过度照明、工厂外部的广告牌等。这种光污染可能会对周边居民的健康造成不良影响，如使其睡眠质量下降、生物节律紊乱等。

为了减少光污染的影响，食品工厂可以采取多种措施，如合理设计照明、减少夜间照明、控制广告牌的亮度等。同时，应该加强监管，对超标的光污染进行处罚和限制。

7.3 食品安全与产品质量的关系

在食品工厂的设计过程中，食品安全和产品质量是需要高度重视的因素。设计师需要在确保生产过程的卫生和安全的前提下，尽可能提高产品质量，保证食品安全。首先，食品工厂的设计需要考虑防止交叉污染，这是食品安全的重要因素。在设计中需要有物理隔离，避免不同种类的食品交叉污染。同时，在食品生产中需要严格遵守卫生标准和规定，确保生产过程的卫生和安全。食品加工过程中的每一步都需要保证其卫生和安全。其次，设计师需要合理选择设备和材料，确保其符合卫生标准，并且易于清洗和维护。这可以避免材料和设备的污染，保证食品的安全和质量。另外，食品工厂的设计需要考虑产品的质量。在设计过程中需要考虑产品的特性，如生产能力、保质期等，从而保证产品的品质。设计师还需要了解食品加工的特点，比如产品的成分、配方和工艺等，从而确定最佳的生产流程和设备选择。最后，设计师还需要考虑产品的包装和储存，确保产品的安全和质量。产品的包装应该符合卫生标准，并且保证包装的完整性，防止外部因素对产品的污染和损坏。在储存方面，需要确保储存条件符合产品的要求，以保证产品的品质和安全。

食品安全与产品质量是食品工厂最为关注的问题之一。食品工厂为了确保食品的安全和质量，通常会采取以下措施。

7.3.1 建立标准作业流程

标准作业流程是指在生产过程中，对每一个步骤都进行规范化的管理和控制。例如，在原料采购时，应选择质量良好的原材料，并对其进行检测和筛选；在加工过程中，应控制温度、时间、湿度等因素，确保每一道工序的质量稳定；在包装环节，应采取防止污染的措施，保证成品的卫生安全。

7.3.2 严格控制生产环境

食品生产过程中，生产环境的清洁和卫生状况对产品质量和安全至关重要。食品工厂应采取一系列措施来确保生产环境的清洁和卫生，如定期进行消毒和清洁、控制温湿度、建立防虫和防鼠措施等。

7.3.3 加强检测和控制

食品工厂应当建立完善的检测机制，对原料、生产过程中的样品、成品进行检测。检测内容包括原材料的品质、食品添加剂的使用量、污染物质的检测等。同时，食品工厂应对检测结果进行分析和控制，及时发现问题并采取措施。

7.3.4　建立食品追溯体系

食品追溯体系是指从食品生产、流通到消费环节中，通过信息管理手段追踪和记录食品信息的体系。建立食品追溯体系可以及时发现和处理食品安全问题，保障食品安全和质量。

总之，食品工厂的设计需要在保证食品安全的前提下，尽可能提高产品质量，从而保证消费者的健康和满意度。设计师需要在设计过程中充分考虑食品加工的特点和产品的特性，选择合适的设备和材料，严格遵守卫生标准和规定，从而确保食品的安全和质量。

7.4　安全防范措施

7.4.1　设计防范

在食品工厂的设计中，安全防范是必不可少的一环。食品工厂涉及化学品、气体以及热能、机械能等多种能量，如果不注意防范，可能导致火灾、爆炸等安全事故。因此，在设计阶段就需要注意防火、防爆、防雷、防静电等问题，并且采取措施降低安全风险。

7.4.1.1　防火、防爆设计

防火、防爆是食品工厂设计中的重要安全问题。首先，设计师需要对工厂的结构、材料、设备等进行评估，确保这些元素符合防火、防爆的要求。其次，需要对工艺流程进行合理设计，避免火源和爆炸源产生。

在实施防火、防爆设计时，还需要注意以下事项：

① 设计适当的疏散通道和安全出口；
② 设计适当的防火隔离区域；
③ 选择耐火材料，提高防火能力；
④ 设计适当的气体、热能、电气等安全控制系统。

7.4.1.2　防雷、防静电设计

雷电和静电也是食品工厂设计中需要防范的安全问题。静电会对生产设备和工作人员产生伤害，雷电也会对设备产生损害。为了防止这些问题，需要采取防雷、防静电设计措施，包括：

① 安装有效的接地系统；
② 选择合适的材料和设备，避免静电积累；
③ 安装合适的防雷装置，保护设备使其免受雷电侵害。

7.4.1.3　设施物料防腐蚀措施

在食品工厂设计中，需要考虑化学物质的腐蚀问题。为了避免设备受到腐蚀，需要选择耐腐蚀的设备和材料，对设备进行涂层处理等。

7.4.1.4　建筑材料选择

在食品工厂设计中，需要选择符合卫生标准的建筑材料。例如，地面需要采用无缝防滑地板、墙面采用易清洗的材料，以保证生产环境的清洁和卫生。

7.4.2　生产过程中的安全管理

在食品工厂生产过程中，实施安全管理是保证生产安全和产品质量的重要手段。安全管理涉及生产过程中的各个环节，包括工艺流程、设备操作、物料管理、废弃物处理等。为确保生产安全和环境保护，食品工厂需要制定相关的规章制度、技术标准和管理制度，严格按照标准和制度要求开展生产活动。

7.4.2.1　生产安全规范

食品工厂在生产过程中需要制定相应的安全规范，确保生产过程的安全性和质量。其中，生产安全规范应包括以下内容。

① 生产车间的安全规范　生产车间是食品工厂生产过程中的核心部分，生产车间的安全规范应包括车间卫生、人员出入规范、危险品储存规范、设备运行规范、产品出库规范等。

② 生产设备的安全规范　生产设备是食品工厂生产过程中的重要组成部分，安全规范应包括设备安装规范、设备操作规范、设备维护规范等。

③ 员工安全规范　员工是食品工厂生产过程中不可或缺的组成部分，员工安全规范应包括员工培训规范、员工工作规范、员工着装规范等。

7.4.2.2　事故应急预案

事故的发生可能给工厂带来巨大的经济损失，更有可能威胁到人员的生命和健康。因此，建立有效的事故应急预案对保障工厂的安全和稳定运行至关重要。一个完整的应急预案应该包括以下几个方面。

（1）应急组织和指挥体系

事故发生时，应急组织和指挥体系将起至关重要的作用。应急组织结构应该明确，职责分工清晰。指挥体系应该包括应急指挥中心、现场指挥部和后勤保障部门，以确保各部门的紧密配合。

（2）事故预警机制

事故预警机制是指在事故发生前，通过各种手段预测和预警可能出现的危险，提前制定应对措施，以减少事故发生的概率和危害程度。其中包括对各类风险进行评估和分析，制定应对措施，明确应急资源，以及开展事前演练和培训等。

（3）应急资源准备

事故发生时，应急资源的准备将对事故的救援和处理产生直接影响。因此，应急资源的准备应该与事故预警机制密切配合，包括人员、器材和物资的储备，以及与外部应急机构的联络和协调等。

（4）应急处置措施

应急处置措施是指在事故发生时，迅速采取适当的应对措施，尽可能减轻事故造成的影响。具体包括现场疏散、封锁污染源、救援伤员、清理污染物、控制事故扩散等方面。

（5）事故后处理

事故后处理是指在事故发生后，尽快进行安全评估和事故调查，制定具体的处理方案，防止事故的再次发生。其中包括对现场进行清理和修复，对事故原因进行分析和研究，对事故的经验和教训进行归纳和总结，以及对相应的安全措施进行完善和改进等。

综上所述，食品工厂设计环境保护对社会、食品安全和人体健康都具有重要意义。在生产过程中，存在着对环境、人体健康和产品质量的潜在威胁，但是只要加强对污染源的管理和控制，实施有效的污染物处理方案和安全防范措施，就可以有效地减少污染物排放，提高产品质量，保护环境和人类健康。因此，加强对食品工厂的环境保护意识，促进环境保护技术的应用和发展，以及加强政府的监管和处罚力度，是实现食品工厂可持续发展和推进可持续社会发展的必要措施。

第 8 章

食品工艺学综合实验

8.1 糖水苹果罐头的制作

8.1.1 实验目的

掌握糖水苹果罐头的制作工艺，理解罐头食品的加工原理。

8.1.2 实验原理

高浓度糖液能使微生物细胞质脱水收缩，发生生理干燥失活，达到长期保存的目的。保证苹果罐头品质的关键是防止其褐变。因此，灭酶、护色成为制作的关键。

8.1.3 实验材料与仪器设备

苹果、柠檬酸、白砂糖、食盐、玻璃瓶、不锈钢刀、水果刨、不锈钢锅、温度计、天平、电磁炉、封罐机、杀菌锅。

8.1.4 实验步骤

8.1.4.1 工艺流程

原料选择→选果、分级→清洗→去皮、护色→切块、去籽巢→抽空或预煮→装罐→排气、密封→杀菌、冷却→擦罐、贴标→入库→成品。

8.1.4.2 操作要点

（1）原料选择

选用成熟度为八成以上、组织紧密、耐煮制、风味好、无畸形、无腐烂、无病虫害、无外伤、横径在 60mm 以上的果实，以中、晚熟品种为好。常用的品种有小国光、红玉、金帅等。将选好的苹果分级，横径 60～67mm 为三级，68～75mm 为二级，76mm 以上为一级。分别清洗干净。

（2）去皮、护色

用水果刨去皮，去皮后立即浸 1％盐水中护色。

（3）切块、去籽巢

护色后将苹果纵向切成四开或对开，并把四开或对开果块分别放置，挖净籽巢和果蒂，修去斑疤及残留果皮，用清水洗涤 2 次。

（4）抽空或预煮

苹果组织内有 12.2％～29.7％（以体积计）的空气，不利于罐藏加工，可用糖水真空抽气或预煮法予以排出。

预煮法：将切好的苹果块投入水温 95～100℃、浓度为 25％～35％的糖水中，于夹层锅中预煮 6～8min，就能达到排气目的。预煮的糖水中要加入适量 0.1％的柠檬酸。当果肉软而不烂，果肉透明度达 2/3 时取出，迅速用冷水冷透。用过的糖水煮沸过滤，供装罐用。这种方法适于小型罐头。

（5）糖液配制

根据产品要求的糖度配制糖液。本实验糖水配制浓度为 25％～35％。按目标浓度，准确称取适量的糖和水；加入 0.1％～0.3％柠檬酸溶液。糖溶解后要加热消毒并进行过滤。糖液需要添加酸时，注意不要过早加，应在装罐前加为好，以防止或减少蔗糖转化而引起果肉色变。

（6）装罐、加糖液

装入同一罐内的果块要大小一致、色泽均一，尽可能紧密地排列整齐，装罐量要求达到净重 55％，然后加注备好的糖液，并留出 6～8mm 的顶隙。

（7）排气、杀菌

采用热力排气，90～95℃排 8～10min，中心温度达到 70℃。封罐后杀菌公式为：5min-20min-7min/100℃。注意冷却要逐步冷却，以防玻璃罐炸裂，冷却至 38℃±1℃，擦干表面，贴好标签，注明内容物及实验日期。

8.1.5　结果分析

操作过程中按照表 8-1 记录关键数据。按照表 8-2 描述罐头的感官特性。

表 8-1　糖水苹果罐头制作关键数据记录

项目	数据	项目	数据
护色条件		杀菌、冷却条件	
抽空或预煮条件		成品感官描述（参考表 8-2）	
糖液制备条件		成品固形物含量	
排气条件		成品可溶性固形物含量	

表 8-2　糖水苹果罐头成品感官描述指标（参考）

指标	满分	评分标准	评分
色泽	10 分	果肉淡黄色或黄白色，糖液透明	
气味	10 分	糖水苹果固有的气味，无异味	
状态	20 分	块形大小均匀整齐	
口感	60 分	酸甜适口，苹果片软硬适度	

8.1.6 思考题

① 加工过程中如何防止果品的变色？

② 影响苹果罐头品质的因素有哪些？

③ 果品罐头和蔬菜罐头分别对原料有何要求？二者在制作工艺上有何不同？

④ 罐头杀菌的温度和时间应根据哪些因素决定？

8.2 豆奶饮料制作实验

8.2.1 实验目的

了解和熟悉豆奶制作工艺流程和方法，在解决风味问题基础上改革传统的生产方法和研究新的加工工艺，制作风味、口感俱佳的豆奶饮料。

8.2.2 实验原理

大豆粉碎后萃取其中水溶性成分再经过过滤，除去其中不溶物，即得豆浆。

豆浆的风味改善关键在于两个方面：一是钝化或抑制脂肪氧化酶活性，防止产生豆腥味，二是采用脱臭等方法除去豆浆中固有不良气味，两者相辅相成。热磨法是抑制和钝化脂肪氧化酶活性的良好方法。预煮法是另一个成功防止豆腥味的方法。真空脱臭法是去除豆浆中不良风味的一个有效方法。改善豆浆的口感，首先大豆磨碎时应达到足够的细度，其次混合均匀，如果要达到较长的货架期，需用均质处理。

豆浆加奶粉经调配后即成为豆奶。

8.2.3 实验材料与仪器设备

大豆、奶粉、白砂糖、天平、胶体磨、电饭锅、烧杯等。

8.2.4 实验步骤

工艺流程：大豆→清洗浸泡（清洗 3 次后，冷水浸泡过夜）→脱皮（手工操作）→磨浆（料液比 1∶8）→过滤（多层纱布）→调配（加白砂糖和奶粉）→混合→杀菌（95℃，10min）→灌装。

① 将大豆清洗三次（根据情况采用不同的去腥方法）浸泡；

② 将大豆手工脱皮；

③ 称取脱皮后的大豆 100g 左右，按 1∶8 的料水比进行磨浆；

④ 过滤：采用四层纱布滤去豆渣；

⑤ 调配：按不同比例加入白砂糖和奶粉等；

⑥ 杀菌：将调配后的豆奶装入烧杯中，置于沸水浴中 10min；

⑦ 将杀菌后的豆奶灌装，品尝对其进行感官分析。

8.2.5　结果分析

根据品尝情况写出不同去腥方法及不同配方的结果分析报告（见表 8-3）。分别从色泽、滋味和气味、组织状态三个方面对产品进行分析。

　　色泽：乳白色、微黄色；

　　滋味和气味：具豆奶应有滋味和气味；

　　组织状态：组织均匀，无凝块，允许有少量蛋白质沉淀和脂肪上浮，无正常视力可见外来杂质。

表 8-3　实验结果与产品品质分析

分组	工艺/配方特点	杀菌前	杀菌后
工艺组 1	大豆脱皮后采用热水（95℃）烫漂 10min，然后冷水磨浆，加 0.2％奶粉和 5％白砂糖		
工艺组 2	大豆脱皮后采用热水（95℃）磨浆，加 0.2％奶粉和 5％白砂糖		
工艺组 3	大豆脱皮后采用冷水磨浆，加 0.2％奶粉和 5％白砂糖		
配方组 1	工艺 1 不加白砂糖和奶粉		
配方组 2	工艺 1 加 0.2％奶粉和 5％白砂糖		
配方组 3	工艺 1 加 ____％奶粉和 ____％白砂糖		

8.2.6　思考题

① 简述产生豆腥味的机理，并说明生产过程中常用的抑制产生豆腥味的方法。

② 如果要使生产的豆奶具较长的货架期，请简要说明生产工艺及配方应作哪些适当的调整。

8.3　面包制作实验

8.3.1　实验目的

通过实验使学生熟识和掌握面包制作的工艺流程、工艺参数及其加工技术。

8.3.2　实验原理

在一定的温度下经发酵，面团中的酵母利用糖和含氮化合物迅速繁殖，同时产生大量二氧化碳，使面团体积增大、结构疏松、多孔且质地柔软。

8.3.3　实验仪器设备

和面机、醒发箱、烤箱、冰箱、台秤及其他食品制作小工具。

8.3.4 主食面包配方

主食面包配方见表 8-4。

表 8-4 主食面包配方

原料	一次发酵法		快速发酵法	
面粉	100％	1500g	100％	1500g
酵母	1.5％	22.5g	1.6％	24g
黄油	4％	60g	4％	60g
糖	18％	270g	4％	60g
盐	1％	15g	2％	30g
面包改良剂	0.3％	4.5g	1％	15g
水	50％～60％	750～900g	62％	930g

8.3.5 操作步骤（一次发酵法）

① 称料（按配方比例计量称重）。

② 调整加水水温。"水温＝3×面团理想温度－室温－面粉温度－和面摩擦升温"（测定室温、面粉温度，确定面团理想温度，和面升温，计算出加水水温）。

③ 投料：粉→酵母→干搅匀→糖、面包改良剂→干搅匀→加水（边加水边搅拌）。

④ 搅拌：慢速搅拌，至无粉粒（约 2min），加入融化的黄油慢速搅拌 1min，快速搅拌（10～12min），面团受拉，形成薄膜。

⑤ 切割：切割成 450g 重面团。

注意：称重时加减面团要切，不应拉面团，以免破坏已形成的面筋网络。

⑥ 搓团：将切好的面团搓成圆形。表面要光滑、无接口，接口放在底部。

⑦ 舒缓：将搓圆后的面团放在工作台上，用塑料布盖住，静置约 15min。

⑧ 成型：将舒缓好的面团放入成型机内（压片→卷折→成型）；或将面团用擀面杖压成面片状，将面片卷折 2.5 圈以上，再顺搓，成长形面包坯。

⑨ 装模：将做好的面包坯装入模盒内。

⑩ 醒发：将模盒放在烤盘内，一起送入醒发箱。醒发时间约 1h，箱内温度约 35℃。醒发后的面团两边与模盒相平。

⑪ 焙烤：将醒发后的面团送入烤箱。上火：180℃，下火：210℃，时间：25min。

8.3.6 思考题

① 衡量面粉"专用性"的指标有哪些？试从理论上简述各指标的具体内容及测定方法。并回答：面包制作对面粉质量有何要求？

② 分别简述添加酵母、黄油、糖、盐、面粉改良剂等辅料在本面包制作实验中的作用。

8.4 蛋糕制作实验

8.4.1 实验目的

学生通过制作蛋糕，进一步熟悉蛋糕生产工艺，掌握蛋糕制作技术。

8.4.2 实验配方

蛋糕实验配方见表 8-5。

表 8-5 蛋糕实验配方

成分	糖	10％奶液	鸡蛋	低筋粉	食盐	速发蛋糕油	植物油
海绵蛋糕	75g	20g	200g	100g	1g	5g	10g

8.4.3 实验仪器设备

和面机、烤箱、台秤、食品制作小工具。

8.4.4 操作步骤

① 称料 按表 8-5 配方称取各原料。

② 投料搅拌 先加入鸡蛋和糖，低速搅打 2min 混匀，高速搅打 5min 后均匀缓慢加入 10％奶液、食盐和速发蛋糕油，继续高速搅打至起泡（体积膨大 2 倍，呈乳白色稳定糊状）。低速缓慢拌入植物油和低筋粉，混合均匀。

③ 装模 装至模高的 2/3。

④ 烘烤 上火：200℃，下火：180℃，时间 20～30min（用牙签扎入蛋糕，取出后表面不黏附蛋糕）。

8.4.5 思考题

① 在蛋糕投料搅拌环节中，为何要先低速搅打再高速搅打？不同搅拌速度对蛋糕的质地和膨发效果分别有何影响？

② 结合实验配方分析，低筋粉，蛋糕油、植物油在蛋糕制作中各自发挥什么作用？若替换其中某一原料，可能会对蛋糕、成品产生哪些影响？

附　录

附表1　部分食品的主要物理性质

食品名称	含水量/%	冰点(t_i)/℃	比定压热容/[kJ/(kg·K)]		潜热/(kJ/kg)	贮存温度/℃	贮存相对湿度/%
			$>t_i$	$<t_i$			
苹果	84	-2	3.85	2.09	280	-1	85~90
苹果汁	85	-1.7				4.5	85
杏	—	-2	3.68	1.94	285	0.5	78~85
杏干	84.5	—	—	—	—	0.5	75
香蕉		-1.7	3.35	1.76	251	11.7	85
樱桃	75	-4.5	3.64	1.39	276	0.5~1	80
葡萄	82	-4	3.6	1.84	297	5~10	85~90
椰子	85	-2.8	3.43	—		-4.5	75
柠檬	30	-2.1	3.85	1.93	297	5~10	85~90
柑橘	89	-2.2	3.64	—		1~2	75~80
桃子	86	-1.5	3.77	1.93	289	-0.5	80~85
梨	86.9	-2	3.77	2.01	280	0.5~1.5	85~90
青豌豆	74	-1.1	3.31	1.76	247	0	80~90
菠萝	83.5	-12	3.68	1.88	285	4~12	85~90
李子	86	-2.2	3.68	1.88	285	-4	80~95
杨梅	90	-1.3	3.85	1.97	301	-0.5	75~85
番茄	94	-0.9	3.98	2.01	310	1~5	80~90
甜菜	72	-2	3.22	1.72	243	0~1.5	88~92
甘蓝	85	—	3.85	1.97	285	0~1.5	90~95
卷心菜	91	-0.5	3.89	1.97	306	—	85~90
胡萝卜	83	-1.7	3.64	1.88	276	0~1	80~95
黄瓜	96.4	-0.8	4.06	2.05	318	2~7	75~85
干大蒜	74	-4	3.31	1.76	247	0~1	75~80
咸肉(初腌)	39	-1.7	2.13	1.34	131	-23	90~95
腊肉(熏制)	13~29	—	1.26~1.8	1.00~1.21	48~92	15~18	60~65
黄油	14~15	-2.2	2.3	1.42	197	-10	75~80
乳酪	87	-1.7	3.77			0	85
干酪	46~53	-2.2	2.68	1.47	167	-1	65~75

158

食品名称	含水量/%	冰点(t_i)/℃	比定压热容/[kJ/(kg·K)]		潜热/(kJ/kg)	贮存温度/℃	贮存相对湿度/%
			$>t_i$	$<t_i$			
巧克力	1.6	—	3.18	3.14	—	4.5	75
稀奶油	59		2.85		193	0～2	80
鲜蛋	70	−2.2	3.18	1.67	266	−1	80～85
蛋粉	6	—	1.05	0.88	21	2	极小
冰蛋	73	−2.2		1.76	243	−18	
火腿	47～54	−2.2	2.43～2.64	1.42～1.51	167	0～1	85～90
冰淇淋	67	—	3.27	1.88	218	−30	85
果酱	36		2.01	—	—	1	75
人造奶油	17～18		3.35	—	126	0.5	80
猪油	46		2.26	1.3	155	−18	90
牛乳	87	−2.8	3.77	1.93	289	0～2	80～95
奶粉	—		—	—	—	0～1.5	75～80
鲜鱼	73	−1	3.34	1.8	243	−0.5	90～95
冻鱼	—		—	—	—	−20	90～95
干鱼	45		2.34	1.42	151	−9	75～80
猪肉	35～42	−2.2	2.01～2.26	1.26～1.34	126	0～1.2	85～90
冻猪肉						−24	85～95
鲜家禽	74	−1.7	3.35	1.8	247	0	80
冻兔肉	60		2.85		—	−24	80～90

附表2 部分建筑图例

序号	名称	图例	说明
1	新设计的建筑物		(1)比例小于1:2000时,可以不圈出入口 (2)需要时可以在右上角以点数(或数字)表示层数
2	原有的建筑物		在设计中拟利用者,均应编号说明
3	计划扩建的预留地或建筑物		用细虚线表示
4	拆除的建筑物		
5	散状材料露天堆场		
6	其他材料露天堆场或露天作业场		
7	铺砌场地		
8	冷却塔		(1)左图表示方形 (2)右图表示圆形

序号	名称	图例	说明
9	贮罐或水塔		
10	烟囱		必要时,可注写烟囱高度和用细虚线表示烟囱基础
11	围墙		(1)上图表示砖石、混凝土及金属材料围墙 (2)下图表示镀锌铁丝网、篱笆等围墙
12	挡土墙		被挡土在"突出"的一侧
13	台阶		箭头方向表示下坡
14	排水明沟	107.50 / $\frac{1}{40.00}$ 107.50 / $\frac{1}{40.00}$	上图用于比例较大的图画中,下图用于比例较小的图画中
15	有盖的排水沟	$\frac{1}{40.00}$ $\frac{1}{40.00}$	
16	室内地坪标高	151.00(±0.00)	
17	室外整平标高	● 143.00 ▼143.00	
18	设计的填挖边坡		边坡较长时,可在一端或两端局部表示
19	护坡		在比例较小的图画中可不画图例,但须注明材料
20	新设计的道路		(1)R 为道路转弯半径,"150.00"表示路面中心标高,"0.6"表示 6% 或6‰,为纵坡度,"101.00"表示变坡点间距离 (2)图中斜线为道路墙面示意,根据实际需要绘制
21	原有的道路		
22	计划的道路		

序号	名称	图例	说明
23	人行道	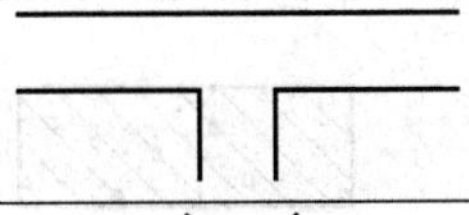	
24	桥梁	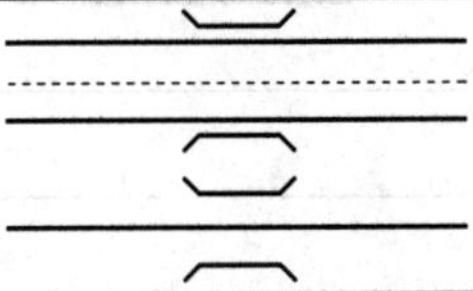	(1)上图表示公路桥 (2)下图表示铁路桥
25	码头	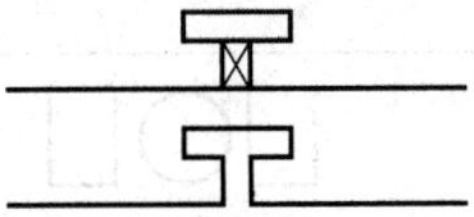	(1)上图表示浮码头,下图表示固定码头 (2)新设计的用粗实线,原有的用细实线,计划扩建的用细虚线,拆除的用细实线并加"×"符号
26	汽车库	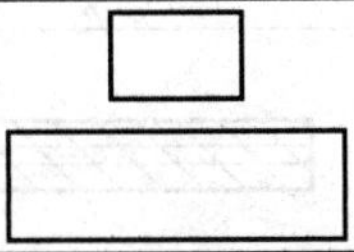	
27	站台		左侧表示坡道,右侧表示台阶 使用时按实际情况绘制
28	自然土壤		包括各种自然土壤、黏土等
29	素土夯实		
30	砂、灰土及粉刷材料	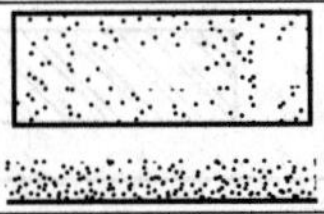	上为砂、灰土 下为粉刷材料
31	沙砾石及碎砖三合土	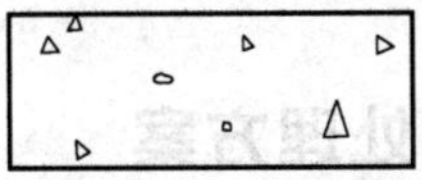	
32	石材	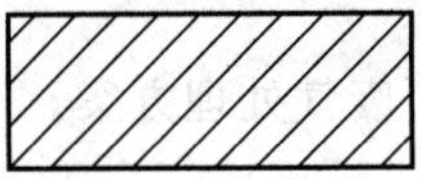	包括岩层及贴面、铺地等石材
33	方整石、条石		
34	毛石	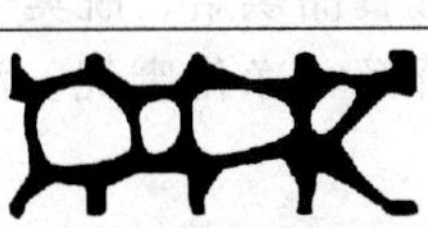	本图例表示脚体(墙体底部埋入地下的部分)
35	普通砖、硬质砖	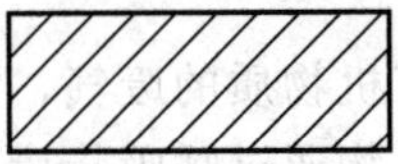	在比例小于或等于1:50的平剖面图中不画斜线,可在底图背面涂红表示
36	非承重的空心砖	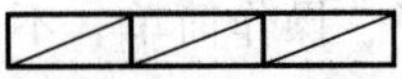	在比例较小的图画中可不画图例,但须注明材料
37	瓷砖或类似材料		包括面砖及各种铺地砖
38	混凝土		

序号	名称	图例	说明
39	钢筋混凝土		（1）在比例小于或等于1∶100的图中不画图例，可在底图上涂黑表示 （2）剖面图中如画出钢筋时，可不画图例
40	加气混凝土		
41	加气钢筋混凝土		
42	毛石混凝土		
43	木材		
44	胶合板		（1）应注明"×层胶合板" （2）在比例较小的图画中，可不画图例，但须注明材料
45	矿渣、炉渣及焦渣		
46	多孔材料或耐火砖		包括泡沫混凝土等材料

附例1　典型食品工厂废气处理方案

以下是几种常见的典型食品工厂废气处理方案。

（1）活性炭吸附法

该方法适用于处理有机废气，如食品烘焙、脱臭等过程中产生的气体。废气通过活性炭床，有机物质在活性炭表面吸附并降解，净化废气。活性炭吸附法处理废气具有工艺简单、能耗低、效果稳定等优点。

（2）生物滤床法

该方法适用于处理含有挥发性有机物质的废气，如食品加工过程中产生的有机废气。废气通过生物滤床，生物滤床中的微生物通过呼吸将废气中的有机物质降解为水和二氧化碳。生物滤床法处理废气具有处理效果好、操作简单、不易堵塞等优点。

（3）等离子体法

该方法适用于处理含有微量有机物质的废气，如食品加工过程中产生的挥发性有机物质。废气通过等离子体反应室，气体被激发成等离子体，经氧化分解后形成二氧化碳和水。等离子体法处理废气具有处理效率高、适用于各种气体混合物、不产生二次污染等优点。

（4）热氧化法

该方法适用于处理高浓度、高温度、高湿度有机废气，如油炸、烤制、脱臭等过程中产生的废气。废气通过加热并与氧气反应，在高温高压下将废气中的有机物质氧化分解为二氧化碳和水。热氧化法处理废气具有高效、处理效果好、不产生二次污染等优点。

选择适合企业的废气处理方案可以有效减少污染排放，保护环境，符合环保要求。附图1是一张食品工厂废气处理流程示意图。

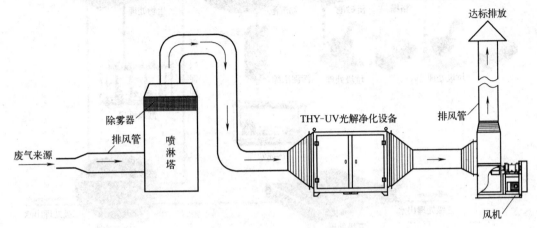

附图1　食品工厂废气处理流程示意图

附例2　典型食品工厂废水处理方案

几种常见的食品工厂废水处理方案如下。

（1）活性污泥法

活性污泥法是目前最常用的生物处理技术之一。其原理是利用一种含有大量微生物的悬浮液，将有机污染物转化为无机物。在食品工厂废水处理中，活性污泥法被广泛应用于高浓度有机废水的处理。该技术具有稳定性好、投资和运行成本低等优点。

（2）厌氧处理技术

厌氧处理技术是将有机物在缺氧或无氧的环境下分解的一种处理技术。厌氧处理技术主要适用于含有大量有机物的高浓度废水。在食品工厂废水处理中，厌氧处理技术常被用于淀粉类、脂肪类等高浓度废水的处理。该技术具有高效、节能、降低处理成本等优点。

（3）膜技术

膜技术是一种物理过滤技术，可实现废水中溶解性固体、悬浮物、胶体等的去除。在食品工厂废水处理中，膜技术被广泛应用于废水中的色素、蛋白质、胶体等物质的去除。该技术具有处理效果好、工艺简单、运行稳定等优点。

（4）化学氧化法

化学氧化法是利用氧化剂将有机污染物氧化为无机物的一种废水处理技术。在食品工厂废水处理中，常用的氧化剂包括臭氧、过氧化氢等。该技术具有处理效果好、操作简便等优点。

需要注意的是，不同的食品工厂废水特性不同，因此需要根据实际情况选择适当的废水处理技术。同时，废水处理技术的选择还应考虑投资、运行成本等因素。附图 2 是一张食品工厂废水处理流程示意图。

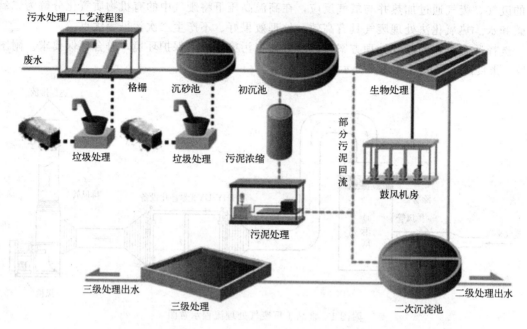

附图 2　食品工厂废水处理流程示意图

附例 3　典型食品工厂固废处理方案

对于固废的处理，食品工厂通常采用以下几种方式。

（1）压缩处理

食品生产过程中产生的大量废弃物包括纸张、纸箱、木材等，经常需要进行处理。其中，纸张和纸箱通常通过压缩的方式处理，以减少占用储存空间，同时也方便运输和回收利用。压缩处理也可以减少对环境的影响，降低废弃物处理的成本。

（2）堆肥处理

对于食品工厂生产的有机废弃物，如果皮、蔬菜叶子、蛋壳、骨头等，堆肥处理是一种有效的方法。这种处理方法将有机废弃物与一定量的土壤或其他填充物混合在一起，通过自然的生物降解过程，将有机物质转化成肥料，可以再次用于植物生长。

（3）焚烧处理

在一些食品工厂中，有些废弃物可能不能被直接回收利用或是进行其他处理，比如化学废弃物、医疗废弃物等，这些废弃物可能需要进行焚烧处理。这种处理方式通过高温和氧化作用，将废弃物转化为灰烬和气体。但是，焚烧处理需要消耗大量的能源，同时也会产生大量的废气和二氧化碳，可能会对环境造成负面影响。

总之，针对食品工厂产生的不同种类的废弃物，需要采用不同的处理方式。同时，在处理过程中还需要考虑环境保护、资源利用、成本控制等因素，以实现最佳的处理效果。附图 3 是一张食品工厂固废处理流程示意图。

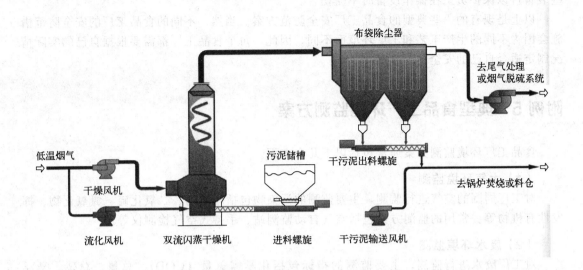

附图3　食品工厂固废处理流程示意图

附例4　典型食品工厂安全防范方案

为了确保食品工厂的安全性，防止意外事故发生，食品工厂需要采取一系列的安全防范措施。下面列举一些现有的典型食品工厂安全防范方案。

（1）灭火系统

食品工厂内通常会配备灭火系统，包括自动喷水灭火系统、干粉灭火系统等。这些系统能够及时发现火情并进行扑救，有效避免火灾的发生。

（2）消防设施

食品工厂还需要配置消防设施，例如消防水龙、灭火器等。在发生火灾时，这些设施可以为员工紧急逃生和扑灭火灾提供支持。

（3）安全通道

为了确保员工在紧急情况下的安全，食品工厂需要设置安全通道，并保持通道畅通。安全通道的位置和长度应该符合法规要求。

（4）安全教育和培训

食品工厂应该定期组织安全教育和培训，包括火灾逃生演练、灭火器的使用方法等。这些教育和培训可以提高员工的安全意识，降低事故发生的可能性。

（5）安全检查和维护

食品工厂需要对设备进行定期安全检查和维护，确保设备运转正常、无损坏。如发现问题，及时进行维修和更换。

（6）个人防护装备

食品工厂的员工应该配备适当的个人防护装备，例如防护服、安全帽、防护眼镜等。这些装备可以保护员工在操作设备时不受伤害。

以上是现有的一些典型的食品工厂安全防范方案。当然，不同的食品工厂的安全防范措施会因为不同的生产工艺和工厂环境而不同，因此，每个食品工厂都需要根据自己的实际情况制定适合自己的安全防范方案。

附例 5　典型食品工厂环境监测方案

食品工厂环境监测方案通常包括以下几个方面。

（1）大气环境监测

对工厂周围的空气进行监测，主要监测的污染物包括颗粒物、二氧化硫、氮氧化物、挥发性有机物等。常用的监测方法包括空气自动监测站、手持式空气检测仪等。

（2）废水环境监测

对工厂废水进行监测，主要监测的指标包括化学需氧量（COD）、总氮、总磷、悬浮物、pH 值等。常用的监测方法包括在线监测和离线监测，离线监测需要将水样带回实验室进行检测，而在线监测则可以在生产过程中进行实时监测。

（3）噪声环境监测

对工厂周围的噪声进行监测，主要监测的指标包括噪声水平、频率、时长等。常用的监测方法包括噪声监测仪、声级计等。

（4）生物监测

对工厂周围环境中的生物进行监测，主要监测的指标包括空气中的微生物、水中的微生物等。常用的监测方法包括培养法、PCR 技术等。

（5）辐射监测

对工厂周围的辐射水平进行监测，主要监测的指标包括 γ 射线、α 射线等。常用的监测方法包括 γ 射线探测器、α 射线探测器等。

以上是常见的食品工厂环境监测方案，实际应用中还需根据具体情况进行调整和优化。

附例 6　典型食品工厂环境管理制度

食品工厂都需要建立完善的环境管理制度，以确保生产过程中对环境的影响最小化。以下是一些典型的食品工厂环境管理制度。

（1）环境管理体系

建立符合国际标准的 ISO 14001 环境管理体系，进行环境管理的规范化和标准化，以确保生产过程中环境污染物的排放量对环境的影响最小化。

（2）废物管理制度

建立废物管理制度，包括废水、废气和废固的收集、处理和排放，以确保废物处理符合法律法规的要求。

（3）污染源监测

在生产过程中设置污染源监测点位，监测废水、废气和固废的污染物排放浓度，以确保污染物排放符合法律法规规定。

（4）环境应急预案

制定环境应急预案，应对突发环境事件，保障生产过程中环境安全。

（5）环境教育培训

对员工进行环境教育培训，提高环保意识和环境管理水平，让每个员工都能够认识到自己在环境保护中的重要性。

（6）环境监督检查

定期进行环境监督检查，及时发现和纠正环境问题，确保企业环境管理制度的有效执行。

这些典型的食品环境管理制度不仅能够保障企业生产的正常进行，同时也能够确保企业的环境影响最小化。

附例 7　典型食品工厂安全生产管理制度

在中国，食品安全生产管理制度是一个重要的法律法规框架，其主要目的是确保食品生产、流通、使用过程中的安全。下面我们列举几个典型的食品安全生产管理制度的例子。

（1）食品安全管理体系　食品链中各类组织的要求（GB/T 22000—2006）

食品生产企业需构建系统化安全管理体系。从原料采购、生产加工到成品交付，覆盖食品链各环节，落实前提方案，如规范厂房设施卫生、从业人员健康管理。运用危害分析关键控制点（HACCP），识别、评估生产过程中的安全危害并精准控制。同时，强化人员培训，提升食品安全意识与专业技能，完善产品追溯与召回机制，确保全流程风险可控，守护食品安全底线，保障消费者健康权益。

（2）食品生产许可管理办法

该办法规定了食品生产企业在获得生产许可前应满足的条件，包括必须具备一定的生产设施、生产设备和技术条件；必须能够保证生产过程的卫生安全等。同时，该办法还规定了食品生产企业在获得生产许可后应当遵守的各种规定，包括食品生产许可证的有效期限、变更、撤销等。

（3）食品安全法律法规

《中华人民共和国食品安全法》是我国现行的重要食品安全法律法规，它规定了食品安全的基本原则和主要内容，包括食品的生产、流通等环节的监管要求、食品安全责任制度、食品安全信息公开制度等。

综上所述，食品安全生产管理制度主要包括对食品安全的监管和管理，涵盖了企业的生产、流通、使用等方面，并且在我国法律法规体系中也有相应的法规保障。企业应该按照国家的要求制定相应的制度和规范，切实履行食品安全的责任，确保消费者的身体健康和生命安全。

附例 8　典型食品工厂应急预案

典型食品工厂应急预案通常包括以下几个方面的内容。

（1）突发事件的定义和分类

明确可能发生的突发事件类型，如火灾、泄漏等。

（2）应急响应程序

确定突发事件发生后各部门的应急响应程序和责任分工，包括通知、报警、启动应急预案等。

（3）应急处置措施

根据突发事件的不同类型和程度，制定相应的应急处置措施，如疏散人员、采取控制措施等。

（4）应急物资和装备

确定应急物资和装备的种类、数量和存放位置，确保在突发事件发生时能够及时使用。

（5）应急演练和培训

定期组织应急演练和培训，提高员工的应急处置能力和应变能力。

以下是一些典型的食品工厂应急预案：

① 一家蛋糕制造厂的应急预案

包括突发事件的定义、应急响应程序、应急处置措施、应急物资和装备、应急演练和培训等内容。

② 一家饼干制造厂的应急预案

包括火灾、泄漏、停电等突发事件的应急响应程序和应急处置措施。

③ 一家冷冻食品加工厂的应急预案

包括突发事件的分类、应急响应程序、应急处置措施、应急物资和装备、应急演练和培训等内容。

这些典型的食品工厂应急预案都是根据实际情况制定的，可以根据具体的食品工厂的情况进行调整和完善。

参考文献

[1] 李雅晴, 马鑫豪, 屈新皓, 等. 工业企业的厂址选择 [J]. 大氮肥, 2024, 47 (04): 224-227+240.

[2] 崔鹏飞, 李暮玥, 宋春美, 等. 年产500t玉米低聚肽粉工厂设计 [J]. 中国调味品, 2024, 49 (02): 121-128.

[3] 王晓军, 王万程, 孙笑寒. 酱腌菜工厂布局设计 [J]. 农产品加工, 2023 (03): 97-99.

[4] Fei J, Sun Z, Zhao D, et al. Investigation of rice debranning mechanism based on tribological behaviour between rice grains [J]. Biosystems Engineering, 2024, 248: 130-141.

[5] 贺伟, 陈春元, 冉钊, 等. GMP在白酒自动化酿造工厂中的运用 [J]. 酿酒科技, 2024 (10): 115-118.

[6] 周永波. HACCP在芝麻海苔夹心脆生产中的应用研究 [J]. 福建农业科技, 2024, 551081: 38-47.

[7] 任敬, 宗刚, 谢涛, 等. TiO₂光催化技术处理印染废水的研究进展 [J/OL]. 化工新型材料, 1-6 [2024-11-05]. https://doi.org/10.19817/j.cnki.issn1006-3536.2025.03.038.

[8] 杨柳, 侯聚敏, 吴淑清, 等. 食品科学与工程类专业认知实习教学改革研究与实践 [J]. 食品工业, 2023, 44 (12): 272-274.

[9] 马慧, 额日赫木, 李美琳, 等. 高校食品类专业生产实习教学现状及对策——以山西师范大学为例 [J]. 西部素质教育, 2023, 9 (21): 174-177.

[10] 刘文龙, 危梦, 张釜, 等. 食品专业生产实习教学模式的研究 [J]. 农产品加工, 2020 (01): 102-104.

[11] 刘跃军, 谭伟. 大学生生产实习规范与指导 [M]. 北京: 文化发展出版社: 2019.

[12] 刘莹, 黄文. "食品工艺综合实习"的改革探索 [J]. 科教文汇 (中旬刊), 2018 (05): 51-52.

[13] 朱焕宗. 食品工艺设备原位清洗技术分析 [J]. 现代食品, 2023, 29 (19): 100-102.

[14] 李凤翩. 食品机械设备在食品安全方面的问题与对策 [J]. 中国食品工业, 2024 (10): 80-82.

[15] 食品机械设备选型的基本要求 [J]. 农业工程技术 (农产品加工), 2007 (01): 38-40.

[16] 王拥政, 刘静雯. 现代生物技术在食品工程中的应用 [J]. 食品安全导刊, 2021 (15): 172-173.

[17] 李静, 陈明星. 绿色食品加工技术的创新与应用 [J]. 食品安全导刊, 2024 (21): 142-144.

[18] 徐紫婷, 黄小梨, 巫胜源, 等. 微胶囊技术在食品中的应用进展 [J]. 食品安全导刊, 2022 (32): 182-184.

[19] 张洁, 于颖, 徐桂花. 超微粉碎技术在食品工业中的应用 [J]. 农业科学研究, 2010, 31 (01): 51-54.

[20] 余明远. 食品超微粉碎技术研究新进展 [J]. 福建农业科技, 2014, 45 (8): 79-81.

[21] 耿建暖. 食品辐照技术及其食品中的应用 [J]. 食品研究与开发, 2013, 34 (15): 109-112.

[22] 李轲, 李鹏玉, 徐家家, 等. 休闲膨化食品的质量安全问题探究 [J]. 粮食加工, 2024, 49 (2): 80-84.

[23] 崔波. 纳米技术在食品工程中的应用探究 [J]. 食品界, 2024 (2): 118-120.

[24] 杨树江, 郑佑甫, 董榕贵. 基于食品工厂前提方案的综合虫害管理研究 [J]. 现代食品, 2023, 29 (01): 34-38.

[25] 吴廷映, 任亚婷, 周支立. 一个具有仓库容量选择的两阶段设施选址问题的模型及算法 [J]. 上海大学学报 (自然科学版), 2022, 28 (06): 996-1007.

[26] 严志茂. 食品生产企业加工环节的安全问题及对策研究 [J]. 食品安全导刊, 2024 (24): 30-32+36.

[27] 王芳. 食品生产安全管理与风险评估研究 [J]. 现代食品, 2024, 30 (04): 157-159.

[28] 陈丛婧. 完善食品安全监管体系的原则与措施 [J]. 中国食品工业, 2024 (18): 41-43.